U0386319

BIG DATA DEMYSTIFIED

How to use big data, data science and AI to make better business decisions and gain competitive advantage

大数据实战

大数据、数据科学和人工智能在商务决策中的应用

大卫·斯蒂芬森（David Stephenson）◎ 著

邵真 ◎ 译

中国人民大学出版社

· 北京 ·

译者序

在大数据时代，企业不仅关注大数据技术本身，而且关注大数据技术与业务运营和业务战略的关联。管理者经常面临的问题是，哪些大数据技术更适合企业？大数据技术是否有助于企业提高业务运营效率，更快更好地做出业务决策？企业应该如何有效地应用大数据技术来支持企业的业务战略并获得长期的竞争优势？

上述问题在大卫·斯蒂芬森（David Stephenson）所写的《大数据实战》这本书中得到了很好的解答。大卫·斯蒂芬森是数据科学和大数据分析领域的专家，在宾夕法尼亚大学沃顿商学院讲授商务管理和数据分析课程，并担任过多家国际知名企业的专业咨询顾问，在数据科学领域具有丰富的研究和实践经验。

本书是大卫·斯蒂芬森结合自己近 20 年的行业咨询经验所写

的，包括两大部分。

第一部分关注大数据技术本身，共分为五章：第 1 章介绍了大数据的起源和基本概念，让读者了解大数据的重要性及其发展趋势；第 2 章以 IBM 所开发的深蓝计算机打败国际象棋世界冠军以及 AlphaGo 打败围棋世界冠军作为开篇案例，引出了人工智能和机器学习的概念，阐述了人工智能的起源及其发展；第 3 章和第 4 章通过塔吉特超市和《华盛顿邮报》的真实案例，阐述了大数据在精准预测、营销和客户关系管理方面所扮演的重要角色；第 5 章介绍了大数据生态系统的概念，并结合云计算模式的概念，阐述了大数据分析中硬件资源和软件资源开源的重要性。

第二部分介绍了大数据生态系统与企业运营和业务战略的关联，共分为六章：第 6 章和第 7 章从企业客户、产品性能、竞争对手和外部环境四个方面阐述了大数据技术如何帮助企业更好地制定并调整业务战略；第 8 章和第 9 章关注大数据分析技术的实施，阐述了企业如何有效地选择数据分析模型和分析方法、硬件资源和软件资源来支持业务战略，以获取竞争优势；第 10 章关注大数据团队的组建，介绍了平台工程师、数据工程师、业务分析师和算法专家等与大数据分析相关的职位及其工作职责；第 11 章关注大数据治理，阐述了大数据隐私准则、数据保护和规范遵守等相关的概念；第 12 章通过 IBM 开发的人工智能应用程序在医疗诊断中失败的案例，阐述了传统企业向数据驱动型企业转型时需要注意的事项。

本书的内容与大数据技术的发展紧密结合，各章内容中融入了很多大数据分析的经典案例，能够让读者更好地了解大数据的相关知识，理解大数据生态系统及其与企业运营战略的关联。本书内容通俗易懂，适合对大数据及其应用感兴趣的读者。

本书由哈尔滨工业大学管理学院的邵真组织翻译并负责全文的统稿工作。在翻译的过程中，得到了课题组学生的支持，其中张心翼参与翻译了第 1～2 章，潘正远参与翻译了第 3～5 章，赵睿参与翻译了第 6～7 章，黄启亮参与翻译了第 8～9 章，张宸靓参与翻译了第 10 章，王倩参与翻译了第 11～12 章。在此向各位同学表示感谢!

由于时间紧迫和学识所限，本书的翻译可能存在不当和疏漏之处，恳请广大读者批评指正。

邵　真

前　言

你可能经常听到大数据这个词，但你真的知道大数据究竟是什么吗？大数据为什么如此重要？大数据能否对你的组织造成影响，从而带来改进和竞争优势？是否存在这种可能——不使用大数据会让你在竞争中处于劣势？

本书的目的在于解析“大数据”这一名词，同时向你提供用数据科学和机器学习来充分利用这些数据的实践方法。

大数据是一类新的数据，具有以下特点：数据量大，并且数据量还在持续、迅速地增长，同时，其数据结构并不符合传统的数据结构。“大”这个字眼是一种轻描淡写的说法，它并不能充分地说明实际情况的复杂程度。我们所处理的数据不仅仅是比传统的数据量大，更是与传统的数据有本质上的区别，就好比一辆摩托车并不是大一点的自行车，一片海洋也并非大一点的游泳池。大数据带来了新的挑战，创造了新的机会，模糊了传统的竞争界限，因而需要新的方法来帮助我们从数据中获取有形的价值。海量数据与为处理此类数据而开发的技术结合，提供了对大规模数据的洞察角度，由此掀起了一股机器学习的浪潮，产生了由计算机驱动汽车的无人驾驶系统、比医生更为精确的心脏病预测系统，以及比人类更精通复杂游戏（如围棋[1]）的计算机系统。

为什么大数据是一个规则的改变者？正如我们将看到的，通过大数据，我们可以获得对数据更深层次的洞察力，从而理解促进消费者购买的因素以及生产线效率降低的原因。大数据不仅可以让商家实时地为全球数以百万计的用户提供高度个性化的体验，而且能够为诸如癌症研究、航天、粒子物理学等领域提供同时分析十亿量级数据的计算能力。大数据还提供了数据和计算资源，使得人工智能重新崛起，其中最具代表性的就是引领全球的基于深度学习[2] 的技术。

没有局限于数据本身，在过去的二十年里，研究者和工程师们还开发出了硬件和软件结合的一整套生态系统，来收集、存储、处理和分析这些丰富的数据。本书将这些硬件和软件工具统称为大数据生态系统。这一生态系统能够帮助我们从大数据中挖掘出巨大的价值并将其应用于商业、科学和健康领域。想要利用大数据，你需要将大数据生态系统中的各个部分整合在一起，并选择出适合你的应用场景的最佳解决方案。你还需要为这些数据提供合适的分析方法，众所周知，数据科学由此产生。

总的来说，大数据远不止简单的数据和技术。大数据应用于商业、科学和社会等领域，对你所从事的工作产生了巨大的影响。你的决策远不止购买一项技术。在本书中，我将会总结与大数据相关的工具、应用和处理方法，分析如何从多种形式的现代数据中获得价值。

大部分组织将大数据视为它们数字化转型的重要部分。许多成功的组织在运用大数据和包括深度学习在内的数据科学等方面已经做得很好了。研究表明，大数据的运用和收益增长（超过50%的收益增长）之间有着很强的联系。企业利用数据科学技术实现关键绩效指标（key performance indicators，KPI）[3] 10%～20%的增长是很常见的。

对于那些尚未开始利用大数据和数据科学的组织来说，最大的障碍就是不知道大数据应用所获得的收益是否值得付出与努力。我将在本书中阐明大数据应用所带来的益处，并通过案例来说明其中的价值和风险。

在本书的第二部分，我将描述在组织内确立一项数据战略和完成数据项目的实践步骤。我将讨论如何招募到合适的人，并创建一个收集和使用数据的计划。我也会讨论关于数据科学和大数据工具应用的具体领域。此外，我将对如何雇用合适的人来执行这些计划给出几点建议。

章节概述

第一部分　大数据揭秘

第 1 章　大数据的故事

本章将介绍大数据是如何发展成一个现象、大数据如何在过去的短短几年里变成一个如此重要的话题、大数据从哪里来、谁在使用大数据以及驱动人们使用大数据的原因是什么、大数据如何在今天实现了过去不可能完成的事情。

第 2 章　人工智能、机器学习和大数据

本章将介绍人工智能（AI）发展的一段简史，阐述人工智能是如何与机器学习联系在一起的，介绍神经网络和深度学习人工智能的应用及其如何与大数据产生联系，并对人工智能领域的工作者提出一些建议。

第 3 章　为什么大数据有用

本章将阐述我们的数据使用方式和思维方式是如何改变的，大数据如何创造新的机遇并改变现有的分析技术，通过成功的故事和案例来阐述数据驱动的含义。

第 4 章　大数据分析的应用案例

本章将阐述 20 个大数据分析和数据科学的商业应用案例，重点阐述如何应用大数据改变现有的数据分析方式。

第 5 章　理解大数据生态系统

本章将阐述关于大数据的主要概念，如开源代码、分布式计算和云计算。

第二部分 将大数据生态系统应用到组织中

第 6 章 大数据如何指导组织战略

本章将阐述如何应用大数据从客户、产品性能、竞争者和其他外部因素的视角来指导组织战略。

第 7 章 形成大数据和数据科学的战略

本章将提供分步指导：根据业务目标和利益相关者的建议进行数据规划，组建项目团队，确定最相关的数据分析项目，执行项目直至完成。

第 8 章 实施数据科学——分析、算法和机器学习

本章将阐述几种主要的数据分析方法、如何选择模型和数据库，并阐述使用敏捷的数据分析方法来实现商业价值的重要性。

第 9 章 选择技术

本章将阐述如何为大数据解决方案选择合适的技术、需要做出哪些决策、如何通过可利用的资源来实现决策。

第 10 章 组建团队

本章将阐述大数据和数据科学项目中需要的关键角色、如何在雇用和外包间做出权衡。

第 11 章 数据治理与法律遵从

本章将阐述隐私原则、数据保护、监管合法性和数据治理，并从法律、声誉和内部视角来分析其影响；讨论关于个人身份信息（PII）、链接攻击和欧洲的新隐私法规（GDPR）；通过案例分析因使用数据不当而陷入困境的公司。

第 12 章　在组织中成功部署大数据

本章将结合一个备受瞩目的项目失败案例，阐述在组织中成功部署大数据的最佳实践，并在如何使组织转型为数据驱动、如何在组织中部署数据分析人员、如何有效地使用资源以整合数据方面给出建议。

注释

[1] 围棋：中国的二人棋盘游戏。目标是用己方棋子围出最多的区域。

[2] 深度学习：利用数百层以上的人工神经网络的人工智能。

[3] 关键绩效指标（key performance indicators，KPI）：通常用于组织中评价绩效的量化标准，用于制定目标和衡量进展。

目 录

CONTENTS

第一部分 大数据揭秘

第二部分　将大数据生态系统应用到组织中

第一部分

大数据揭秘

第1章

大数据的故事

我们总是在努力地存储数据。不久之前，我们以每张照片1美元的成本来记录我们的假期。我们只保存最好的电视剧和演唱会，并覆盖了电脑中过往的记录。我们电脑的存储容量一直以来都是不足的。

更新、更廉价的技术提高了数据流量。我们购买了数码相机，并将电脑连上了互联网。虽然我们以更低成本的计算机存储了更多的数据，但依然持续地对信息进行分类和删除。我们在数据的存储上很节省，所存储的小容量数据也易于管理。

数据的传输容量和传输速度开始增大和加快。科技让人们创造数据变得更加容易。数码相机逐渐替代了胶卷相机，又将被智能手机替代。我们也开始录制一些从不回放的视频。

高分辨率的传感器在科技和工业设备中广泛应用。更多的文档以数字格式保存下来。更重要的是，互联网开始将全球范围的数据孤岛连接起来，这给还在使用落后设备处理数据的我们带来了挑战，同时也带来了机遇。随着 YouTube 和 Facebook 等为代表的众包数字化出版平台的出现，任何人都可以通过可连接的数字化设备在全球范围内获取和贡献数据，创造海量的存储数据。

然而，数据存储仅仅是挑战的一部分。当我们分配存储时，计算机科学家支配着计算机的处理能力。他们编写计算机程序，以解决科学和工业领域的问题：理解化学反应，预测股票市场发展趋势，使复杂的资源规划问题实现成本最小化。

他们的程序需要花费数天乃至数周来完成，只有资金雄厚的组织才有实力购买计算能力强大的电脑来解决复杂的问题。

20 世纪 60 年代和 80 年代，计算机科学家对一种人工智能（AI）技术——机器学习（machine learning，ML）[1] 寄予了很高的期望，但每次的发展都因为数据和技术的限制而停滞。

总的来说，在 20 世纪，我们从数据中发掘价值的能力严重地受到技术的限制。

到了 21 世纪初，是什么发生了改变

到了 21 世纪初，有几个关键性的发展。最为重要的发展之一起源于谷歌（Google）。以在互联网上给数据提供导航为目的的谷歌就是为大数据而生的。谷歌公司的研究者们很快便开发出了让

普通的计算机像超级计算机一样在一起工作的方法。2003 年他们将这些成果发表在一篇文章中，并以此构建了一款名为“Hadoop”的软件框架[2]。Hadoop 成为全球范围内大数据处理和构建的基础框架。

在成为主流之前的十年里，大数据的概念在技术部门悄然孵化。大数据在管理界的突破发生在 2011 年前后，当时麦肯锡（McKinsey）发布了主题为“大数据：创新、竞争和生产力的下一个边界”的报告。在这之后的第二年，也就是 2012 年，我在伦敦举办的“大数据”专题会议上第一次发表了自己对于大数据的公开言论。

然而早在麦肯锡发布报告之前，许多数据驱动型公司（如 eBay），就已经开发出了内部的解决方案来应对大数据的基本挑战。在 2011 年麦肯锡的报告刚刚发布时，Hadoop 框架就已经开发出 8 年了。在 Hadoop 发布之后，加州大学伯克利分校将他们开发的 Spark[3] 框架开源。这个框架利用廉价的随机存储器（RAM）[4] 来处理大数据，其速度比 Hadoop 快得多。

让我们来看看，在短短的几年里，为什么数据增长得如此迅速？为什么“大数据”这个话题变得如此火热？

数据为什么变得这么多

我们向数字化存储设备提交的数据量正在经历爆炸性的增长，

这有两个原因：

（1）产生数字化数据设备的广泛应用：普遍存在的个人电脑和移动电话、科学传感器，还有物联网（Internet of Things，IoT）[5]带来的数以十亿计的传感器（见图 1-1）。

（2）数字存储成本快速下降。

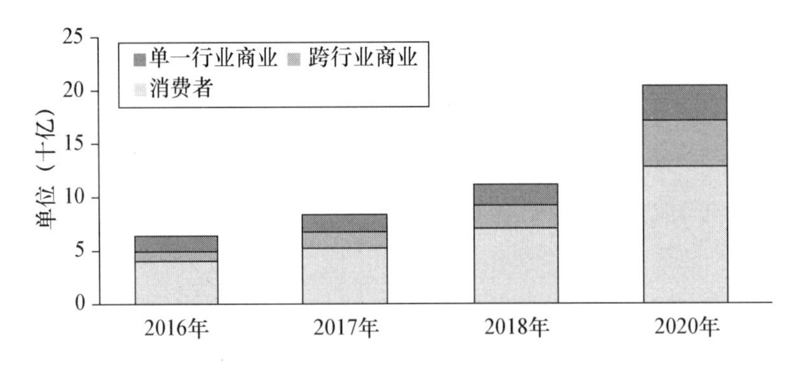

图 1-1　物联网设备分类数量

产生数字化数据设备的广泛应用

产生数据和收集数据的技术已经变得非常普遍和廉价。如计算机、智能手机、数码相机、射频识别（RFID）即电子标签、运动传感器等设备，已然被广大消费者使用，同时，这些设备也应用于科学研究、工业生产和行政管理等方面。有时候我们会有意识地产出数据，比如拍摄视频和在网站上发布内容。有时候我们也会无意识地产出数据，比如在浏览网页时产生的历史记录，以及随身携带的手机不间断地发送给运营商的地理位置信息等。有时候数据跟我们没有任何联系，却是机器运行或者科学现象的记录。让我们来看看一些主要的数据来源以及现代技术产生的数据的用处。

内容产生和自助出版

当你想要出版作品时，需要做些什么？数年前，一本书的出版至少需要一台印刷机还有书商的销售渠道。在互联网的环境下，你只需创建一个网页。今天，任何一个有 Facebook 或 Twitter 账号的人都可以实时地向全世界发布内容。同样，电影和视频也有类似的发布方式。现代科技（特别是互联网）已经完全颠覆了出版方式，极大地促进了人为生成内容的大规模增长。

Facebook，YouTube，Twitter 这样的面向大众的自助出版平台打开了大量生产数据的闸门。任何人都可以很容易地在线上发布内容，同时，移动设备（尤其是具有记录和上传功能的设备）的普及更是降低了门槛。自从大多数人都拥有带有高分辨率相机和移动网络接口的个人设备后，数据的上传量就变得极为庞大。即使是小孩子也可以无限制地上传文字或视频。

YouTube 作为最成功的自助出版平台之一，可能是现今企业数据存储最大的消费者。根据之前发布的统计数据，YouTube 每年大约增长 100PB[6] 的新数据，也就是每分钟上传数百小时的视频[7]。同样，我们也通过 YouTube，Netflix 和类似的流媒体服务线上观看大量的视频。思科（Cisco）近期统计得出，到 2020 年，全球 IP 网络每月产生的视频至少需要 500 万年才能看完[8]。

消费者行为

当我浏览一个网站时，网站所有者可以看到我请求了什么信息（搜索关键词、选择的过滤器、点击的链接）。网站也可以利用 JavaScript[9] 代码在我的浏览器上记录我的活动，如用鼠标对一个事物做向下滚动或停留的操作。网站利用这些细节来更好地理解浏览者。一个网站可能会记录数百种线上活动的细节（如搜索、点击、滚动、停留等）。就算我从未登录，这些记录也有价值。当越多关于浏览者的行为信息被网站收集时，其营销方式、登录页面等内容也将优化得更好。

移动设备会产生更多的数字记录。智能手机上安装的一个应用还可能会连接上包括 GPS 等设备传感器的端口。由于许多人都会随身携带智能手机，因此手机可以保存非常精确的数据，记录机主的位置和活动信息。因为手机不间断地与基站和 Wi-Fi 路由器相连，第三方服务运营商也可以看到机主的定位。就算是实体店，也逐渐开始利用智能手机的信号来追踪消费者在店内的行动[10]。

许多公司，特别是想要更好地了解线上客户行为的电子商务公司，大力投入资源分析这类数据。过去，这些公司会丢弃大部分数据，只保存关键的事件（比如完成销售），但是现在许多网站会保存每个线上访问的所有数据，允许他们回访和询问详细的问题。这些消费者数据的规模在小型网站能达到每天数个GB[11] 的数据量，在大型网站每天则有数个TB[12] 的数据量。在后面的章节中，我们会继续讨论分析消费者记录带来的收益。

即使在线下，我们会通过手机进行对话，或在商店、城市街道、机场或马路的摄像头前走过，这些活动也会产生数据。安全公司和情报部门就特别依赖于这些数据。事实上，现今最大的数据存储用户可能是美国国家安全局（NSA）。2014年8月，NSA耗资约10亿～20亿美元，在美国犹他州的布拉夫代尔建造了代号为"蜂巢"（Bumblehive）的海量数据中心。它的实际存储能力是国家机密，但在2012年，犹他州州长对记者说，这个海量数据中心将会成为世界上第一个可以收集和存储一个尧字节（yottabyte）[13,14] 数据的中心。

机器数据和物联网（IoT）

机器从不会对生成数据感到厌倦，并且连接的机器数量正在以极高的速度增长。在接下来的五分钟里你可以做一件更令人兴奋的事情，即查看思科公司的可视化网络主页。在这个主页上，思科发布了近期的预测——在2020年，全球IP流量将达到两个泽字节（zettabyte）[15,16]。

我们使用的手机和个人电脑的数目可能会达到一个极限值，但我们会持续不断地在周围添加网络处理器。这个巨大的传感器和处理器网络称为物联网（Internet of Things，IoT）。它包括我们家里的智能电表、我们车里帮助驾驶的传感器（这些传感器有时候会和保险公司相连）[17]，还包括为监测土壤、水源、动物和大气条件而部署的传感器以及用于监测和优化工厂设备的数字化控制系统等。这些设备的服务器的数量在 2015 年达到了 50 亿，据估计，在 2020 年，将会增长到 200 亿～500 亿[18,19]。

科学研究

科学家们早已在数据传输和数据处理技术领域开始了研究，不断推动这些技术的发展。我将以一个粒子物理学的例子展开讨论。

案例研究：大型强子对撞机（粒子物理）

2012 年 7 月 4 日，物理界发生了一件最为重要的事情，即被称为“上帝粒子”的希格斯玻色子（Higgs boson particle）的发现。经过 40 年的研究，研究者们利用世界上最大的机器——大型强子对撞机（LHC）分辨出了这一粒子（见图 1-2）。巨大的大型强子对撞机由 17 英里（27 千米）的圆周隧道所围，横跨瑞士和法国边界。它的 1.5 亿个传感器每秒可以传输 3 000 万次数据。这些数据会被进一步过滤为每秒数百个兴趣点。全年的总数据流达到 50PB，大约相当于 500 年的全高清质量的电影。大型强子对撞机是物理学大数据研究的典型案例。

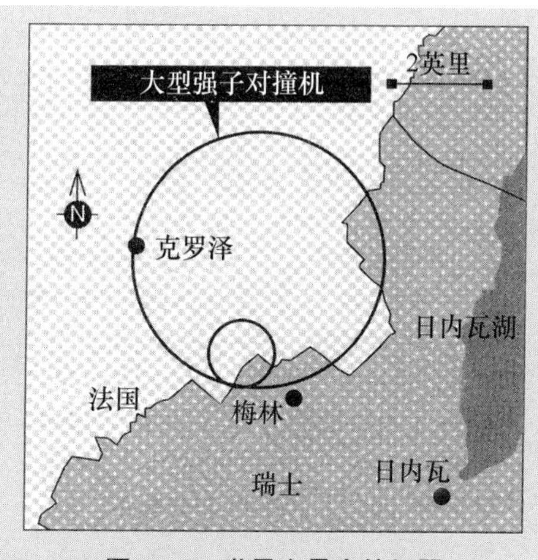

图1-2　世界上最大的机器

案例研究：平方公里阵列（航天）

在世界的另一边有澳大利亚平方公里阵列探路者（ASKAP）项目。这个射电望远镜阵列由36个直径为12米的抛物面天线覆盖4 000平方米构成。其中的12个天线在2016年10月被激活。预计全部的36个天线可以每秒超过7.5TB的速率产生数据（相当于每秒产生一个月的高清电影）。科学家正在计划布置一个遍及几个大陆、规模较ASKAP扩大百倍的平方公里阵列（SKA）。这可能是有史以来最大的单一数据采集设备。

所有的这些新数据都蕴含着丰富的机遇，但是，让我们回到最初的问题——处理和存储这些数据所需的成本。

正在迅速下降的磁盘存储成本

现存的计算机存储主要有两种：磁盘（例如硬盘）和随机存取存储器（RAM）。磁盘存储就如填充你书桌旁的柜子一样，可存放的空间可能会很大，但是存放和取回都需要一定的时间。RAM 则如你书桌上的空间，存放空间虽比前者小，但你可以非常快速地拿到那里的东西。两种存储方式对处理数据都非常重要。

磁盘存储越来越廉价，我们将大部分数据都放置其中。磁盘存储成本一直都是数据归档的限制因素。1980 年，容量为 1GB 的硬盘售价高达 20 万美元，不难理解，为何当时数据存储量如此之少。到了 1990 年，1GB 数据的存储成本降至 9 000 美元，这仍然很贵，但已经降低许多。及至 2000 年，1GB 存储成本惊人地降到了 10 美元。到了 2017 年，1GB 硬盘存储只需 3 美分甚至更少（见图 1-3）。[20]

存储成本的下降产生了有趣的结果。将无用数据存储起来的成本反而比将其过滤和丢弃所需的成本更低（想一下你从未删除的重复照片）。一个根本性的变化是，我们从管理稀缺的数据转变为管理极其丰富的数据。这个变化发生在依赖数字数据进行决策和行动的几乎所有领域，如商业、科学。

在线公司预先保留了小部分的网络数据并丢弃了其他数据。现在，这些公司保留所有的数据，对每一次浏览、滚动、点击的操作

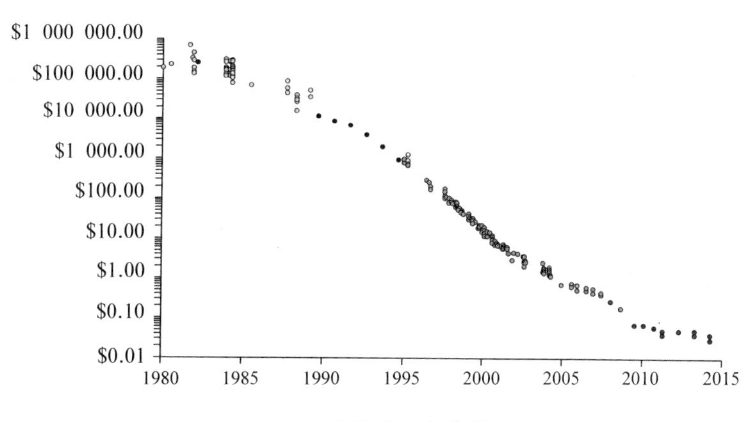

图 1－3　1GB 容量的硬盘花费（美元）

赋予时间戳保存起来，可保证在未来需要时重建每个客户访问。

然而，大容量的硬盘仍然非常昂贵，并且许多公司仍需要这些硬盘。它们无法购置额外的容量小的便宜硬盘，因为需要对数据进行整体的处理（你可以将一堆砖头分开装到几辆较小的车上，但需要一辆卡车来装载一架钢琴）。企业要想充分利用硬盘价格降低的优势，亟须找到将一组中等规模硬盘整合到一起、像一个大型硬盘工作的方式。

谷歌的研究者直面挑战和机遇，着手开发解决方案，最终提出了一个名为“Hadoop”的解决方案。Hadoop 可以连接许多廉价的计算机，并让这些计算机一起工作，就如一台超级计算机一样。最开始，他们的方案是利用硬盘进行存储，不过不久后，他们的目光便放到了 RAM 上，因为后者是一种更快速但也更昂贵的存储媒介。

RAM成本的直线下降

磁盘（硬盘）存储在归档数据方面有很大的优势，但也有存储速度慢、读写时间长的缺点。打个比方，如果你在一张非常小的办公桌上工作，旁边放置着巨大的文件柜，若需要经常检索和归档文件，你会很快意识到更大办公桌的好处。RAM就如一张更大的办公桌，它的处理速度更快。这在处理当今世界不断生成的巨量数据时，是一个很重要的优势。然而，RAM要比硬盘贵得多。虽然RAM的价格也在下降，但仍有很长的一段路要走。

RAM存储的价格比硬盘存储贵多少呢？1980年，1GB的硬盘需花费20万美元，1GB的RAM售价高达600万美元。及至2000年，1GB硬盘只需10美元并且可用于可扩展的大数据解决方案，此时1GB的RAM售价还在1 000美元以上，要想大规模应用还过于昂贵（见图1-4）。

到了2010年，RAM的售价降到了1GB 12美元[21]，这是磁盘存储在2000年就已经降到的价格。此时，伯克利实验室终于可以发布一个新的基于RAM的大数据框架了。这个被命名为“Spark”的计算框架，使用了大量的RAM来处理数据。它比Hadoop的MapReduce[22] 处理模型要快100倍。

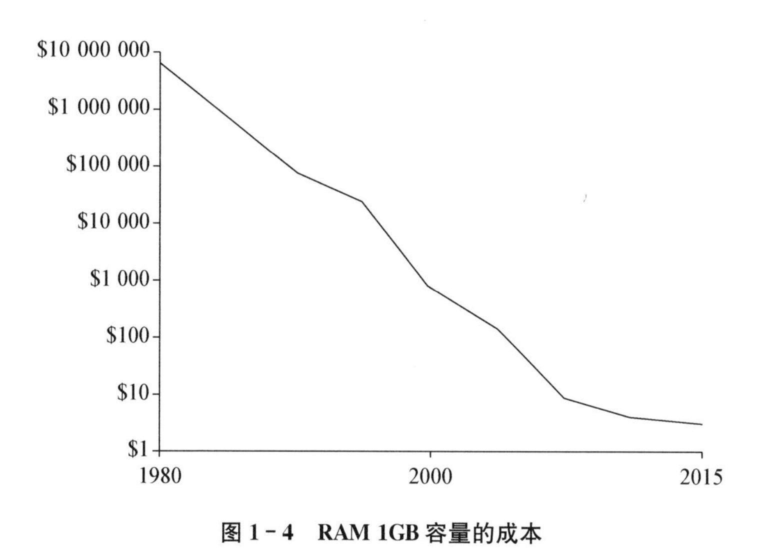

图 1－4　RAM 1GB 容量的成本

处理能力成本的直线下降

计算机处理的成本也已下降，这带来了新的机遇。利用计算机处理能力，可以解决非常困难的问题以及从已开始收集的大量数据中提取价值（见图 1－5）。

为什么大数据成为如此热门的话题

在过去的 15 年里，我们意识到，与其说大数据是一个问题，倒不如说它是一个机遇。2011 年，麦肯锡在向 CEO 们提交的报告中阐述了大数据在五个领域（医疗健康、零售、制造、公共部门、个人

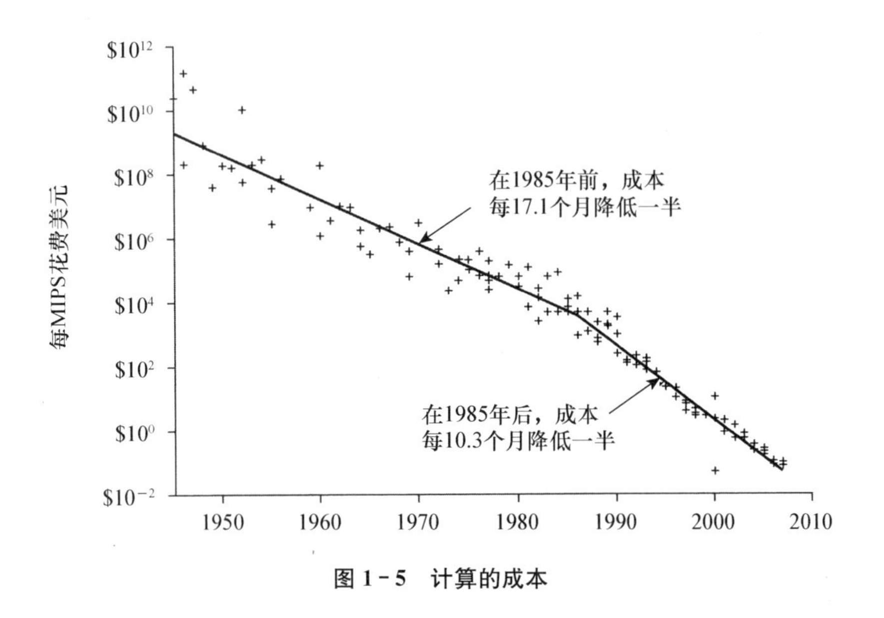

图 1－5　计算的成本

定位信息）的价值。此报告预测，大数据将会使关键绩效指标（KPI）提高 60%，以及带来各个行业数千亿美元的行业附加值[23]。“大数据”这个词变成了一个世界范围的流行词，从技术范畴提取出来并应用到实践中去。

当如此多的人都谈论着他们并不怎么了解的这个话题时，许多人很快对这个问题开始产生怀疑。如今，大数据已经变成了一个基本的概念。Gartner 在 2012 年将大数据加入新兴技术的发展周期中，却在 2015 年做出了一个不同寻常的决定，将大数据从曲线中去掉。这暗示着大数据已经变成了一个基础设施，从此被简单称为“数据”（见图 1－6）。

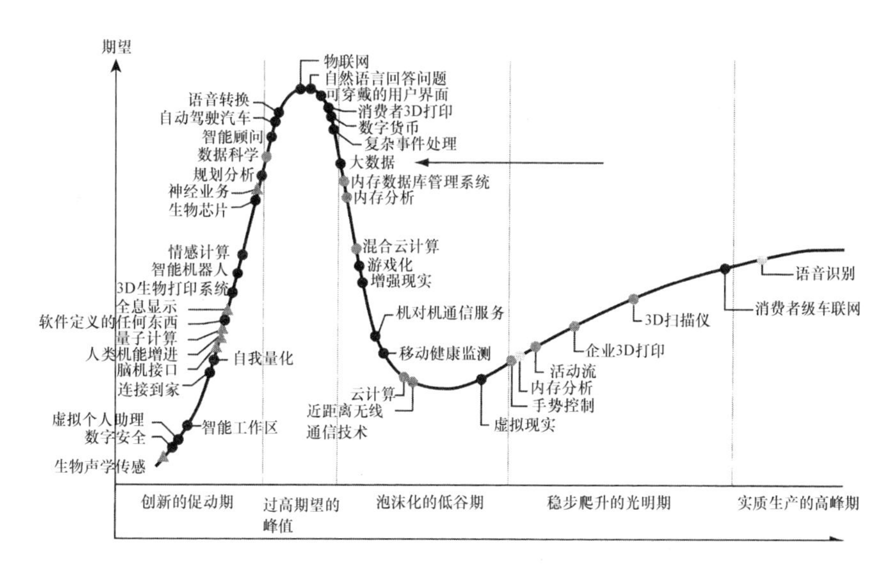

图1-6　新兴技术的Gartner技术成熟度曲线（2014年）

如今，企业非常依赖于大数据。为什么如此广泛采用大数据？

- 早期的采用者如谷歌和雅虎，冒险在硬件和软件开发方面进行重大投资。这些公司为后来者铺平了道路，做了成功的商业演示，分享了计算机代码。

- 第二批采用者则完成了最困难的工作。它们虽然可以吸取前人的经验，利用共享的代码，但仍需在硬件和专业知识上大力投入。

今天，我们到达了一个新的阶段，出现了许多运用大数据的榜样，拥有了几乎所有组织都能利用大数据的工具。

让我们来向一些激励我们前行的榜样学习。

成功的大数据先驱者

谷歌的第一个愿景便是，“组织世界的信息，并使其普遍可用和有用”。[24] 它仅在8年后就估值2 300万美元，向世界展示了掌握大数据的价值。

2003年，谷歌发布了构建Hadoop基础的文章。2006年1月，雅虎做出决策，在它的系统中实施Hadoop（参考O'Reilly的第4版《Hadoop权威指南》）。雅虎在那段时期做得非常好，在5年里股票价格缓缓上涨了3倍。

在雅虎实施Hadoop的同时，eBay也在反复思考如何处理它那大量、复杂的顾客旅程数据。从2002年起，eBay就在利用大规模并行处理（massively parallel processing，MPP）[25] Teradata数据库来进行报告和分析。虽然系统运行得很好，但在这个系统中存储完整的web日志所需成本异常高昂。

eBay的基础设施团队融合数种技术，开发了一个可以存储并分析PB级数据的解决方案。这极大地帮助了eBay获取用户意见和平台开发，并将其直接转化成了收益。

开源软件为软件开发人员提供了竞争环境

虽然计算机的价格便宜了许多，但若要用于处理大数据，它们仍需编程从而进行一致的操作（如将几辆小车组合起来代替一辆卡车用以运送钢琴）。不仅是基础功能需要编写代码，要想实现附加的特殊任务，也需要编写代码。这是任何一个大数据项目都会遇到的障碍，于是，开源软件便派上了用场。

开源软件是一类向任何用户开放使用和允许（受到一些限制的）修改的软件。由于如 Hadoop 等大数据软件的开源，各地的开发者可以分享知识和编辑彼此的代码。

Hadoop 是诸多开源的大数据工具中的一员。截至 2017 年，仅在 Apache 软件基金会（Apache Software Foundation，ASF）[26]，就有将近 100 个项目连接了大数据或者 Hadoop（我们将在后面讨论到 Apache 软件基金会）。每个项目都以一个新的方式来解决或新或旧的挑战。举个例子，Apache Hive[27] 可以让公司将 Hadoop 当作数据库来用，Apache Kafka[28] 则提供了机器之间的信息传输。新的项目持续地在 Apache 上发布，每一个都标注了需求，进一步降低了后续进入大数据生态系统的障碍。

请牢记

大部分提取数据价值的技术都是很容易获得的。如果你刚刚开始接触大数据，尽可能地利用现成的技术。

便宜的硬件和开源的软件极大降低了公司利用大数据的门槛，但问题仍然存在，购置大数据系统的计算机还是一个昂贵、复杂且带有风险的决策，并且公司无法确定到底需要购买多少硬件。它们需要的是可以快速访问的计算资源。

云计算让启动和扩展计划变得更加容易

云计算实质上是租赁一台场外的计算机或者只是计算机的一部分。许多公司已经开始使用一个或更多的公用云服务器——AWS，Azure，Google Cloud或者是当地的服务供应商。也有一些公司使用私有的云服务，这些私有的云计算资源仅保存在公司内部并向公司内部的商业单位提供。这样的私有云服务让共享资源更加充分地被利用。

云计算可以提供硬件或者软件的解决方案。1999年，Salesforce[29] 成立，这是一家提出“软件即服务”(software as a service，SaaS)的云计算公司。2006年，亚马逊的AWS(Amazon Web Services)启动了它的“基础设施即服务”(infrastructure as a service，IaaS)，最初出租数据存储，后来发展为出租整个服务。2010年，微软启动了它的云计算平台——Azure，2011年，谷歌启动了谷歌云项目[30,31]。

云计算解决了公司难以确定计算和存储资源的痛点，它让公司无须大量投入便可执行大数据计划，并且可以便捷地扩展或缩减项目计划。另外，企业还可移除从CapEx[32] 到OpEx[33] 的所有大数据基础设施成本。

云计算的成本正在下降，更快的网络则让远程的机器可以无缝连接。总的来说，云计算给大数据工作带来了灵活性，使公司无须考虑专用计算机的成本、协议和等待时间便可进行实验和扩大规模。

具备了可扩展的数据存储和计算能力后，研究者们达到了一个新的阶段——人工智能，这个概念曾在 1960 年和 1980 年两次提出。

小贴士

● 现代技术给我们提供了产生比过去多得多的数字数据的工具。

● 数字存储成本的大幅下降让我们可以保存几乎无限量的数据。

● 技术的先驱者们开发和分享了可以让我们借以利用当今数据创造大量商业价值的软件。

问题

● 在你所从事的领域里，已经运用大数据的组织运作得如何？思考一下你的竞争者还有其他领域的公司。

● 如果你要存储和分析数据，什么数据会是有用的？举个例子，想一想你网站的流量、音频和视频记录，或是传感器读取的数据。

● 你使用大数据的最大障碍是什么？技术、技能，还是用例？

注释

[1] 机器学习（machine learning，ML）：机器学习是一类通过新数据持续提升的人工智能。

［2］软件框架：一个软件框架通常提供常用的可扩展的功能，并可添加定制化软件进行扩展。

［3］Spark：一个在 RAM 上运行、进行分布式计算的计算框架。相较于 Hadoop，它的计算速度更快，也更易开发。

［4］随机存储器 RAM（Random Access Memory）：可以直接访问任意字节的计算机内存。

［5］物联网（Internet of Things，IoT）：通常用于目前使用的数十亿设备，这些设备嵌入了传感器和处理器，并具有网络连接性。这些设备包括从卡车到灯泡的任何东西。

［6］1PB 等于 2^{50} 字节，等于 1 024TB。

［7］http://journals.plos.org/plosbiology/article? id=10.1371/journal.pbio.1002195.

［8］http://www.cisco.com/c/en/us/solutions/collateral/service-provider/visual-networking-index-vni/complete-white-paper-cll-481360.html.

［9］通常用于浏览器的高级编程语言。

［10］http://www.economist.com/news/business/21712163-there-money-be-made-tracking-shoppers-paths-inside-stores-new-industry-has-sprung-up.

［11］1GB 等于 2^{30} 字节，等于 1 024MB。

［12］1TB 等于 2^{40} 字节，等于 1 024MB。

［13］1YB 等于 2^{80} 字节，等于 1 024ZB。

［14］http://nsa.govl.info/utah-data-center/.

［15］1ZB 等于 2^{70} 字节，等于 1 024EB。

［16］http://www.cisco.com/c/en/us/solutions/collateral/service-provider/visual-networking-index-vni/complete-white-paper-cll-481360.html.

［17］一些保险公司为保证持续监测驾驶动态的客户选择降低保费减免。

［18］ http://www. gartner. com. newsroom/id/3165317.

［19］ http://www. mckinsey. com/business-functions/digital-mckinsey/our-insights/straight-talk-about-big-data.

［20］ http://www. mkomo. com/cost-per-gigabyte-update.

［21］ http://www. statisticbrain. com/average-historic-price-of-ram/.

［22］ Hadoop中使用的用于跨计算机集群进行扩展处理编程的模型。

［23］ http://www. mckinsey. com/business-functions/digital-mckinsey/our-insights/big-data-the-next-frontier-for-innovation.

［24］ http://chiefexecutive. net/googles-mission-statement-evolving-ceo-looks-future-goals/.

［25］ 通过网络进行通信但不共享内存或处理器的多个服务器或节点之间传播数据的数据库。

［26］ 一家非营利的美国公司，由分散的开源开发人员社区组成。Apache软件包含了许多在大数据生态系统中使用的软件。

［27］ Hadoop中用于存储数据的开源软件。

［28］ 这是一个由LinkedIn开发的高度可扩展的开源消息队列平台，于2011年发布为开源。

［29］ 一个比较流行的基于云的软件，通常用于管理用户数据和帮助营销。

［30］ http://en. wikipedia. org/wiki/Timeline_of_Amazon_Web_Services.

［31］ http://en. wikipedia. org/wiki/Google_Cloud_Platform.

［32］ 资本支出（Capital Expenditure）：效益将长期增长的一项资本投入，比如耐用品或会长期使用的软件。

［33］ 业务支出（Operational Expenditure）：持续的商业成本。

第2章

人工智能、机器学习和大数据

1997年5月11日，IBM的深蓝（Deep Blue）计算机创造了历史，它在纽约的一场比赛中打败了国际象棋世界冠军加里·卡斯帕罗夫（Garry Kasparov）。深蓝利用简单的计算技巧，依据事先编写好的供参考的规则列表，以每秒计算2亿次步数的速率赢得了比赛。程序的编写者更是在每场比赛后都对代码做出调整。深蓝只是见招拆招。在大部分初级工作或者更为复杂的游戏中，计算机在模仿乃至超越人类上还有很长的一段路要走，比如中国的围棋——一项可能的局势数量比宇宙中的原子种类数还多的棋类运动（见图2-1）。

时光飞逝，到19年后在韩国首尔的一场比赛中，AlphaGo打败了围棋世界冠军李世石。人工智能在深蓝之后的19年里不仅仅是单纯的优化，它已经从根本上变得不一样了。深蓝的提升是通过不断扩展显示指令和使用更快的处理器，AlphaGo则是通过自身的学习。

图 2－1　一个围棋棋盘[1]

最开始它学习专业走棋，进而练习如何去对局所学走法。就算是AlphaGo的开发者也无法解释它所走棋路的逻辑，所有的路数都是它自己教自己的。

什么是人工智能和机器学习

人工智能（artifical intelligence，AI）是一个机器能够对环境进行智能化响应的广义术语。我们在苹果的 Siri、亚马逊的 Echo、自动驾驶汽车、在线聊天机器人和游戏对局中都会与 AI 进行互动。AI 也以一些不明显的方式提供帮助。它帮助我们过滤收件箱的垃圾邮件、纠正拼写错误以及对需求排序进而进行推荐。AI 有着广泛的应用，包括图像识别、自然语言处理、医疗诊断、机器人行动、欺诈识别等。

机器学习（machine learning，ML）是指即使在停止编程后，机器也会不断改进其性能。人工智能因机器学习而强大，特别是在处理大数据问题时。深蓝是基于一定规则的，它是人工智能，但与机器学习无关。AlphaGo 运用了机器学习并且由初次在专业走法的大数据集上训练（training）[2] 获得知识，然后与自身进行比赛，从而学习走法。机器学习技术随着数据的增多而改善，机器学习也因大数据而得到了扩展。如今大部分的 AI 课题和本书中将讨论的几乎所有 AI 内容，都将应用到机器学习。

人工智能的起源

研究者从 20 世纪 50 年代就开始开发 AI 方法。现今的许多技术都有着几十年的历史，起源于麻省理工学院的马文・明斯基（Marvin Minsky）和斯坦福大学的约翰・麦卡锡（John McCarthy）研究实验室开发的自我改进算法[3]。

人工智能和机器学习有过几次错误的开始。研究者有着很高的期望，但是受限于计算机资源，最初的几次结果都让人失望。到 20 世纪 70 年代初，所谓的“AI 的第一个冬季”开始了，一直持续了十年才结束。

到了 20 世纪 80 年代，人们对于人工智能的热情再次高涨起来，尤其是在专家系统[4] 取得行业成功后的时期。美国、英国和日本政府在大学和实验室中投入了数亿美元，与此同时，企业对其内部 AI 部门的投入与之相差无几。支持 AI 的硬件和软件行业由此诞生。

然而，不久之后人工智能的泡沫再次破灭。硬件市场崩塌，专家系统维护成本过高，不仅如此，许多投资都被证明是令人失望的。1987 年，美国政府大幅削减人工智能方面的经费，人工智能的第二个冬季来临。

为何近来人工智能再次兴起

20 世纪 90 年代中期，人工智能再次拾起势头，部分原因是超级计算机能力的提升。深蓝在 1997 年国际象棋对决的胜利其实是一场复赛，在此 15 个月前，它就输了比赛。失败后，IBM 对其主硬件完成了更新。于是，深蓝凭借较之前两倍的处理能力，依靠强大的计算力赢得了复赛。尽管它使用的是定制化的硬件，而且其应用范围也特别狭窄，但深蓝昭示着 AI 有着日益强大的力量。

大数据以两个关键性的发展极大地促进了人工智能的发展：

（1）巨量的可用于机器学习的数据开始被积攒。

（2）出现能够使多台普通计算机一起工作从而具备超级计算机的计算能力的软件。

现在，强大的机器学习方法可以运行在企业可承担的硬件上并且享受巨量的训练数据[5]。机器学习应用可以在数十万台机器组成的网络中运行。

一种广为人知的机器学习技术——人工神经网络（artificial neural networks，ANN）[6]，现在被越来越多地使用，最近已经被更大（更深）的网络扩展，称为深度学习（deep learning）。这项技术为2016年AlphaGo的胜利做出了贡献。

人工神经网络和深度学习

20世纪50年代末，人工神经网络已经出现在人们的生活中。它们是非常简单的模块拼凑在一起形成的更大网络的集合。每个模块仅执行少量的基础计算，不过整个网络可以经“训练”辅助完成复杂的任务，如标记照片、翻译文件、驾驶汽车、玩游戏等。图2-2给出了人工神经网络结构范例。

人工神经网络如此命名是因其模块间的连接方式与动物大脑中的神经元连接类似。其模式识别工具的功能，类似于我们视觉皮层的早期层，但与大脑中处理认知推理的部分没有可比性。

建立一个人工神经网络面临的主要挑战是为基础的模块选择一个恰当的网络模型（架构），然后训练网络达到任务要求。

训练好的模型可部署到一台计算机、智能手机，甚至是一台嵌入芯片的生产设备。可供选择的可促进搭建、训练和部署人工神经网络过程的工具将会越来越多，包括由伯克利视觉实验室开发的Caffe，由

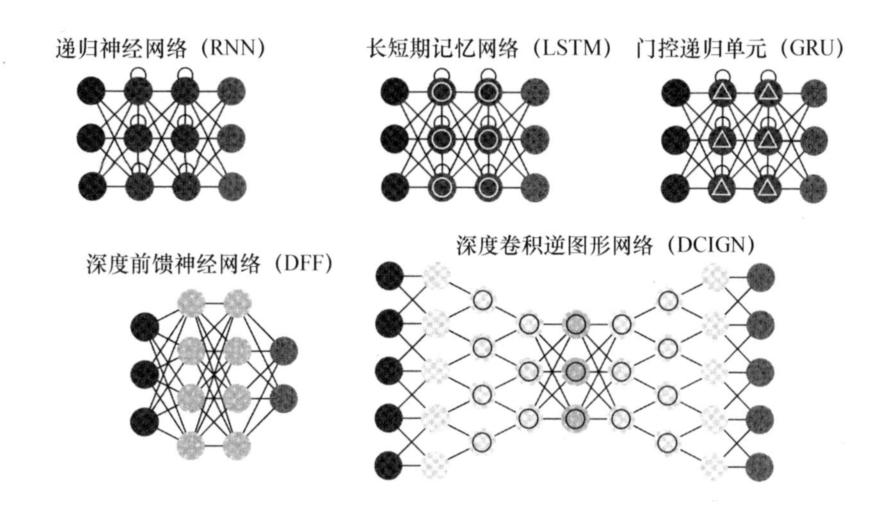

图2-2　人工神经网络结构范例

Google开发并由Apache于2015年11月发布的Theano，等等。

“训练”一个人工神经网络涉及输入数百万的标记的例子。例如，要训练一个识别动物的神经网络，需要向它展示数百万张图片并以图片中包含的动物对其进行标记。如果一切顺利，训练完成的人工神经网络将能够告知一张新的未标记图片中出现了什么动物。在训练期间，网络本身并不会发生改变，但是“神经元”之间的不同连接的强度会做出调整以使模型更加精确。

更大的、更复杂的神经网络可以生成更优的模型，但也需要更长的训练时间。分层网络现在逐渐加深，因此人工神经网络的重塑是一种深度学习。要想使用它们，需要用到大数据的技术。

人工神经网络可以应用于解决许多问题。在大数据出现前，研究者有着这样的认知：神经网络是解决任何问题的“第二最好方法”。不过这个观点现在已经改变。人工神经网络现在提供一些解决问题的最好方法。除了优化图像识别、语言翻译和垃圾邮件过滤，Google将人工神经网络加入核心搜索功能中，于2015年实施了RankBrain项目。RankBrain是一个用于搜索的神经网络，经证实，这是Google近年来所知的排名质量的最大提升。据Google透露，它是决定搜索排序的数百个因素中第三重要的因素。

案例研究：世界首屈一指的图像识别挑战

这项图像识别挑战是每年一次的ILSVRC（ImageNet Large Scale Visual Recognition Challenge）竞赛，在这项竞赛中，全球的研究团队相互竞争，构建机器学习程序来标记超过1 400万张图片。2012年，人工神经网络以非常出彩的方式第一次赢得了竞赛。早先的机器学习分类算法最低的错误率为26%，人工神经网络仅有15%的错误率。

随后，每一年的竞赛获胜者都是人工神经网络。2014年，GoogLeNet项目凭借一个22层数百万个人工神经元的神经网络，以低至6.7%的错误率获胜。这个人工神经网络的深度比2012年获胜的多3倍，相较于动物大脑中的神经元数目，则稍高于蜜蜂的神经元数目、低于青蛙的神经元数目[7,8]。

到了2016年，胜出的机器学习算法（CUImage）将错误率减至3%，它使用的是一种人工智能方法的集合[9]和有着269层（10倍于2014年的获胜者）的人工神经网络。

人工智能如何帮助分析大数据

大多数大数据，包括图像、文本文件和网页日志，都是非结构化数据[10]。我们以原始形式存储这些数据，当有需要时提取需要的那部分数据。

许多传统的分析方法依赖于结构化的数据，需要将数据结构化为诸如年龄、性别、地址等字段。为了更好地适应模型，我们通常创建附加的数据字段，如平均访问时间或距最后一次购买的时长，这一步骤称作特征工程（feature engineering）。

某些人工智能的方法不需要特征选择，特别适用于没有清晰特征定义的数据。例如，一个人工智能方法仅通过学习猫的照片，就可以学习到识别照片里的一只猫，而不需要规定一些如猫脸、猫耳、猫腮须等的字段。

一些谨慎的话

尽管人工智能很早就开始起步，但直到今天，现存的人工智能还是“狭义的人工智能”。每一个人工智能都只适用于它所被定义和训练的特定的应用范围。深度学习让人工智能得到扩展，但全面的人工智能所需的是从根本上改变的工具集。

纽约大学心理学家和几何智能（后来用于 Uber）的共同创建者

Gary Marcus，描述了三个深度学习的基本问题（参考 2016 年 9 月发表的《从大数据到人类水平的智能》演讲）。

（1）奇异的结果总是常见的，在训练数据不足时尤甚。例如，即使人工智能在识别图像方面的准确度越来越高，我们仍然会看到带有不同标签的照片，如图 2－3 所示。

图 2－3　AI 失败的例子（将图识别为塞满食物和饮料的冰箱）

如图 2－4 所示，通过修改左图的一只狗的照片中人类肉眼无法识别的地方，研究者成功欺骗了 2012 年性能最强的人工智能程序，让其误判右图为一只鸵鸟。

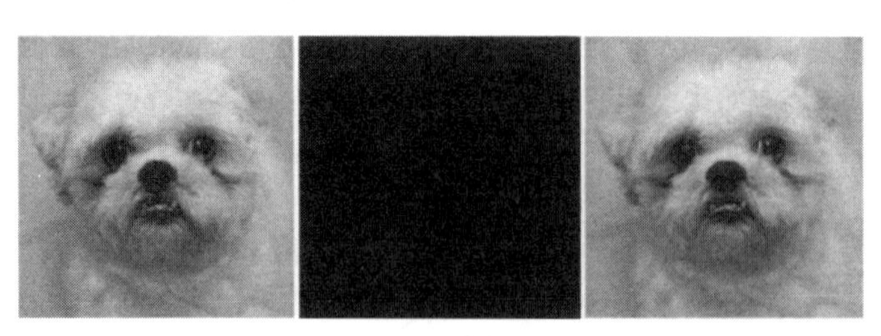

图 2－4　狗还是鸵鸟？

（2）设计编写深度学习的过程是非常困难的。其主要困难在于调试、逐步修改并验证。

（3）在语义理解和因果推理方面并没有真正的进步。一个程序可以识别图片中的人和车，但它不会产生疑问，就如，“那个人是怎么把车举过头顶的?”

请牢记

人工智能在处理具有明确目标的具体任务时还有局限性。每一项应用都需要特别设计并训练人工智能程序。

请同样记住，人工智能非常依赖于大量的不同种类、有标签的数据，如果模型的训练数据不足将会产生更多的错误。我们早已看到自动驾驶汽车因导航系统发生问题（比如没有训练）而造成的严重错误。在这类应用里，我们的容错率是极低的。

人工智能通常需要一个价值体系。一辆自动驾驶汽车必须知道避让行人的优先级要高于遵循路线。商业系统则应衡量收益和风险减小与顾客的满意度的重要性。

人工智能在医学领域的应用会给人们带来希望，但同时也会让人们落入陷阱。伦敦帝国理工学院的一个团队最近开发出了肺动脉高压诊断准确率达到 80%的人工智能，这明显高于心脏病专家诊断的 60%的平均准确度。这种技术的应用给我们带来了一些复杂的问题，对此后面的章节会进一步讨论。

在过去的几年里，人工智能已经数次登上新闻头条，变得火热起来，这样的热度毫无疑问会持续下去。在第 8 章我将会更详细地讨论人工智能，我也将讨论如何选择适合的分析模型（analytic models）[11]。不过，人工智能只是工具箱中诸多工具中的一种，它的局限性还是存在的。让我们回到之前的话题，发散思维，思考一下大数据如何通过更大的工具集和更广的应用带来价值。

小贴士

- 人工智能已经走过了 60 年的历程，经历过两次低谷（冬季）。
- 大多数人工智能都涉及机器学习，即程序会从许多例子中自我学习而非遵从明确的指示。
- 大数据是机器学习的催化剂。
- 深度学习是对一个旧方法神经网络的现代化提升，应用于今天的许多人工智能技术。

人工智能的应用还有限制，总是会出现奇怪的问题。

问题

- 在你的组织中，是否有许多可以用于训练机器学习程序的数据，比如识别图像、文本语义或者是基于过往数据预测用户行为？
- 如果你早已开始了一项人工智能项目，那么这个项目的投资回报率（ROI）[12] 比成本要高出多少？你可以将估计的成功率和估计的投资回报率相乘，得出超过估计成本的数目。

注释

［1］ http://upload. wikimedia. org/wikipedia/commons/thumb/2/2a/FlorGoban. JPG/600px-FloorGoban. JPG.

［2］根据可用数据调整模型的迭代过程，本身必须加上标签才能启用训练过程。

［3］指导计算机遵循以获得结果的一系列操作。

［4］模仿人类专家决策能力的人工智能，一般通过事实和规则来进行学习和推理。

［5］用于适应分析算法参数的数据。

［6］有时会连接复杂的架构，通过训练基本节点网络来学习的分析模型。

［7］《深度学习》，Goodfellow 等所著，麻省理工学院出版社 2016 年出版。

［8］ http://introtodeeplearning. com/6S191-Deep-Learning-Computer-Vision. pdf.

［9］包含不同的分析模型的一个集合，其输出被合并为一个输出。

［10］非结构化数据指没有固定结构的数据，如文档、图片、视频/音频等都属于非结构化数据。

［11］粗略估计收益的一个或多个数学公式。

［12］ROI 是投资收益的一种度量指标，有很多种方式计算 ROI。

第3章

为什么大数据有用

“大数据是亚马逊的自动推荐功能如此强大的原因。大数据调整了搜索，并帮助我们找到所需要的信息。大数据使网络和移动端变得更加智能。”亚马逊首席数据科学家格雷格·林登（Greg Linden）这样写道。大数据生态系统从根本上改变了你能利用数据做的事情以及你对于数据的思考方式。

全新的数据使用方式

如果没有大数据技术，我们就无法完成现在正在做的事情。其中，有些技术应用是娱乐性的，有些则是我们理解科学和医疗保障的基础。

大数据使科学家能够收集和分析大量数据，促成了科学家在

2012 年欧洲核子研究组织（CERN）发现了希格斯玻色子的存在；大数据允许天文学家操纵在尺度上前所未有的望远镜；大数据还将癌症的研究向前推进了数十年。

训练数据的数量和大数据技术的推广共同使人工智能获得新生。这两项技术使得计算机在《危险边缘》（Jeopardy）游戏中获胜（IBM 公司的沃森电脑），也使得计算机掌握非常复杂的游戏（DeepMind 公司的 AlphaGo），比专业的录音打字员更能认出人类的语言（微软研究院）。

搜索引擎能够从数以百万计的信息碎片中返回对应结果的能力依赖于大数据工具。即使是能力中等的电子商务网站从库存数据中返回相关结果也依赖于大数据工具，如 Solr[1] 或 ElasticSearch[2]。

即便是在最近的数据爆炸之前，数据分析也非常有用，“小数据”将继续保持其价值，但是一些问题只能通过大数据工具解决，大数据工具也能更好地解决许多问题。

一种新的数据思维方式

大数据更改你的数据样式。与分配、存储和丢弃有潜在价值的数据不同，大数据技术将保留所有数据并促成其使用。通过数据池[3] 中存储的原始数据，你将为未来遇到的问题和应用保留所有选项。

举一个简单的例子。假设我对特斯拉汽车产生了兴趣，并决定统计我一个月内看到的特斯拉汽车。一个月之后，我得到了一个数字。如果有人问我特斯拉的颜色、每一天见到的数量或者车辆的细节，我需要下个月才能给出答案，但如果我一开始就在自己的车上架一台摄像机，并保存所有的录像，我就可以依据已有数据回答这些问题。

遵循数据驱动的方法

20世纪50年代振兴日本工业的美国工程师爱德华兹·戴明（W. Edwards Deming）印证了这句话，“我们对上帝充满信任，除此之外，我们对所有其他事物的信任都基于数据”。尽管有些组织靠领导者的直觉或者坚持不懈地遵循已有的实践规则来运营，但数据驱动的组织会在决策和衡量成效时提高数据的优先级。警察部门也日益依靠数据，比如20世纪90年代比尔·布兰顿（Bill Bratton）在执政时期为减少纽约市犯罪率所做的努力。

在实践中我们都会运用直觉、习惯和数据，但如果你遵循数据驱动的方法，则会以数据的形式备份你的直觉判断，并积极开发工具和人才以分析数据。

数据洞见

挑战你的假设并要求提供支撑性数据。例如，查找能显示日常促销活动是增加或减少利润的数据。跟踪消费者究竟如何对不同的产品定位做出不同的反应，找出他们成为或不成为回头客的原因。

案例研究：乐购（Tesco）的会员卡

一些组织本质上是数据驱动的，其他的组织则需要经历数据转换。英国超市巨头乐购就是后者。在外部分析师的帮助下，乐购利用乐购会员卡的数据，针对客户关系和营销采用数据驱动的方式，取得了巨大的成功。董事长伊恩·麦克罗林（Ian MacLaurin）对分析师的洞见感到惊讶，说道："你在 3 个月中所了解的客户信息比我在 30 年中所了解的还要多。"

这一数据驱动型的成长也提高了乐购的市场份额，从 1994 年的 18%上升到 2000 年的 25%（见图 3-1）。乐购管理层说，在那段时期，数据引导了几乎所有关键业务的决策，降低了主观决策的风险，为决策提供了非常明确的方向。

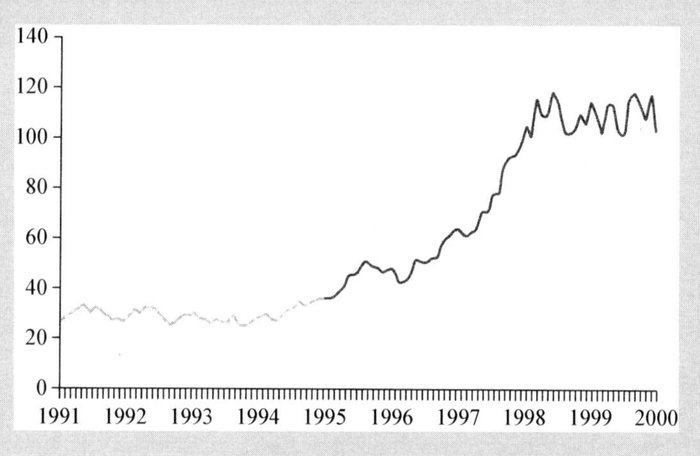

图 3-1　乐购股价（会员卡于 1995 年推出）

数据分析

一些结论从数据中直接得出来，其他的洞见需要用统计方法进行预测或相关分析才能挖掘出来。下面的例子说明了这一过程。

案例研究：塔吉特（Target）针对孕妇的营销

2002年，当大数据技术还在硅谷中孵化时，塔吉特就启动了一项由数据驱动的工作，它在带来显著收益的同时也带来了负面的公众评价。

塔吉特是美国第二大零售商，正在努力争取沃尔玛的市场份额。塔吉特有一个创造性地使用数据的绝妙想法。

阿伦·安德森（Alan Andreasen）教授在20世纪80年代发表了一篇论文，提出购买习惯在人生出现重大事件时更有可能改变。塔吉特认为对顾客支出影响最大的事件可能是孩子的诞生。于是塔吉特启动了一个项目，通过近期的购物记录去辨识孕妇群体，目的是在合适的时间向孕妇群体推销婴儿产品。

塔吉特仔细分析了所有的可用数据，包括销售记录、出生登记和第三方信息。在几个月内，他们开发了基于顾客购买过的产品就能高精度地识别孕妇消费群体，甚至精确确定她们的临产期的统计模型。

一年后，一位父亲愤怒地冲进明尼阿波利斯的塔吉特商店，要求与经理谈话："我女儿的邮件中竟然有这些内容！"他说，"她仍在上高中，你们发给她的却是婴儿服装和婴儿床优惠券？你们是在鼓励她怀孕吗？"然而这位父亲很快就意识到女儿真的怀孕了。这个故事成了头条新闻，全世界对塔吉特挖掘顾客和公共关系这座大金矿的方式感到惊奇。

塔吉特在这些年（2002—2005年）保持了20%的年均增长率，其增长归因于能吸引特定细分客户的项目和门类上，比如母婴市场。全世界都见证了塔吉特实行的分析驱动型的营销方法，它为塔吉特带来了丰厚的利润。

塔吉特和乐购的案例研究都没有涉及我们当下提及的大数据，但两者都获得了两位数的增长率。塔吉特和乐购将它们系统中所有的信息都收集起来，还补充了从第三方机构获得的数据，它们把数据交给专业的数据分析师，并使用分析结果来指导自己的工作。

目前，这种数据驱动的方法仍在为许多公司带来成功。不同的是，现在你能接触到新型的数据和更强的数据工具。

更强的数据工具

数据带来了洞见。存储和分析大量潜在的关联数据的强大能力可以让你快速找到答案，并且这种能力在你的业务规划中会变得更加敏锐。它是颠覆性的技术。

更多的数据通常可以得到更客观的分析，它改善了一些分析并全面地优化了策略，使得分析工具更强。有些工作你可以做得更好，一些之前不可行的方案会突然变得可行。

在下一节中，我将展示大数据对于传统分析方法的改进方式。

数据：多多益善

你会希望收集尽可能多的数据来做分析，比如更多类型的数据和每种类型下更大的数据量。

以“更多的数据胜过更好的模型”作为基本分析理念，你的分析能力依赖于以下几点：

（1）发现哪些数据最有意义。

（2）选择适合此任务的分析工具。

（3）有足够的数据来进行分析。

开发大数据功能的原因是大数据为你提供了其他类型的数据（如客户旅程数据）作为第一级关联数据，并且有额外海量的数据作为第三级关联数据。

请牢记

更新你现有的统计分析模型来整合新的数据源，特别是大数据源，如网络流量、社交媒体、用户日志、音频和视频以及各种传感器数据。

其他类型的数据

为了方便阐述，请想象一个保险公司为你的汽车保险计算保费。假设保险公司只知道你的家庭住址、年龄和汽车款式，他们就可以粗略地估计你的风险等级。如果你告诉保险公司每年开车的总里程数，保险公司将看出更多端倪，因为更多的驾驶意味着更多的风险。如果你告诉保险公司你开车的时段及地点，保险公司就能做出更精确的风险评估。相比于基于原始且有限的数据优化风险模型，保险公司能从海量数据中获得更多的利益。

同样，大数据也提供了其他类型的数据。它提供详细的传感器信息以跟踪机器的产品性能。它允许我们记录和分析配备监控设备的汽车的减速性能；它允许我们管理大量的音频和视频数据、社交媒体活动数据和在线用户体验数据。

用户体验数据的价值

用户体验数据是一种极具价值的大数据。乐购在 20 世纪 90 年代后期的客户分析中使用了人口统计变量（年龄、性别、家庭概况、地址）和购买记录。由于数据的存储媒介较有限，这在当时已经算是大量数据，足以洞察不同客户群体的购买模式。由此得到的分析结果虽然对营销、产品选择和定价有一定价值，但也只是用平面的视角来洞察三维的世界。

乐购只看到客户结账时发生了什么。幸运的是，我们当下拥有的数据比那时丰富得多。

虽然传统的网络分析通过总结性统计（如流量）和转换事件（如购买）等数据只能提供一个二维的视角，但对比整个网络日志（大数据）之后，你就会知道理由。

● 是哪些营销渠道把每位客户送到你的网站：Facebook、Google、电子邮件广告还是付费广告？

● 每位顾客进入你的网站时最优先考虑的是什么？你可能会看到究竟是哪个链接带他们进入你的网站，或网站里的第一个搜索词。

● 对用户而言最重要的是什么？你会看到客户的筛选选项和排序（价格升序或降序、评级等）。知道这些可以显著地帮助你在用户剩余的在线浏览时间里更好地接近他们。

● 在线上购买之前，消费者考虑过哪些替代产品？通过用户的在线旅程记录，你可以分析那些标志着你抓住了客户眼球的“微事件”[4]。特别是对于昂贵的不经常销售的物品，你会想知道这些商品是如何引起访问者的兴趣的。你会在考虑如何向未来的客户贩卖商品时使用这些洞见。

● 如何基于你对顾客意向和偏好的了解创造成功的购物体验？例如，你可能会了解到，进入你网站的客户正在寻找一款安卓平板电脑，商品的筛选条件是：内存大于64GB，价格按降序排列，然后按最高产品评价排序，最常购买的平板电脑是×××，从未被购买的平板电脑是哪款。你会看到用户经常购买的其他商品。使用这些知识，你可以引导用户迅速找到最适合他们的产品。

如果你经营一家小商店，有每个客户的信息，那么你已经有了这样的洞见，可以依靠它们改善你的业务。在电子商务中，有数百万看不见的顾客，要获得这种程度的洞察力是不易的。我们不是在谈论间谍技术。你甚至可以从匿名用户的在线浏览记录中获得有价值的见解。

你的大数据储备能让你从旧数据中提出新问题。当你注意到过去一个季度的销售额猛增时，你会想到这与某个热门事件有关，于是你会搜索详细的历史数据查看是哪些客户访问了网站，包括他们对该事件的搜索或查看。这种事后的灵活性只可能在大数据解决方案中实现。

在数据分析中，比如在塔吉特案例中所举的，客户浏览记录将为你的分析模型提供新的功能。在过去，你的模型使用客户年龄、收入和位置，现在你可以添加搜索字词和过滤条件，进行搜索结果排序和项目视图。对塔吉特来说，发现客户买了一个无香味的护手霜可能是一个怀孕的信号，知道客户明确地寻找没有香味的护手霜将是一个更强的信号。

请牢记

如果你的网站看到重要客户的参与，你应该开始使用大数据系统来存储和分析详细的在线活动。哪怕这个用户保持匿名，你也会从中受益。

你的详细的客户浏览日志将以每天几 GB 甚至几 TB 的非结构化数据的速度累积。你不会再使用你的传统数据库。我们会在第 8 章中探讨如何选择合适的数据库。

额外的数据

一些分析模型只需很少的数据即可正常工作（你只需要两点确定一条直线）。但是很多模型，特别是机器学习模型，如果投入更多数据它们会工作得更好。微软研究员米歇尔·班克（Michele Banko）和埃里克·布里尔（Eric Brill）在 2001 年展示了某些特定的机器学习算法如何从更多的数据中永远受益，即使它会被巨量的数据淹没。这样的机器学习算法将真正地从大数据中受益。

上面的例子主要聚焦于零售方面的应用。接下来我将围绕医学研究领域的案例来梳理本章。

案例研究：癌症研究[5]

大数据在癌症研究中扮演着越来越重要的角色，包括存储和分析重要的基因组数据。现在已经有很多的实际应用，我会简要提及两个，即基因组存储和路径分析。

每种癌症都是不同的，即使是同一类型癌症的患者也是如此。单个肿瘤可能由 1 000 亿个细胞组成，每个细胞都以不同的方式变异，因此，只研究一个肿瘤细胞样本将无法给出在这个病例身上正在发生的事情的全貌。

技术使得癌症研究人员有可能记录来自这些癌细胞的更多数据。自2003年以来，随着人类基因组测序计划的完成，基因测序的成本大幅下降，如图3-2所示。

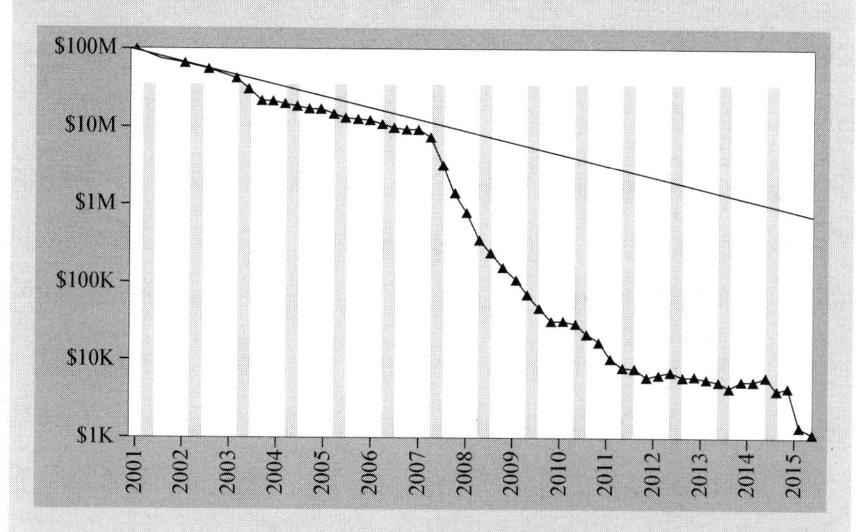

图3-2　每个人类基因组测序的成本

这使得我们正在建立一个巨大的基因组目录数据，特别是与癌症有关。预计科学家们很快就会进行排序并存储这些基因组数据，其数量超过每年1EB[6]。

大数据技术也提供了研究这些数据的工具。根据癌症破坏细胞蛋白质的途径可以将癌症划分出不同种类，这些破坏途径会因为患者的不同而不同。为了对这些情况有更深入的了解，研究人员开发了一种算法，基因相互作用网络被建模为包含2.5万个顶点和6.25亿条边的图形。蛋白质路径对应该图中的子网络。研究人员可以基于大数据技术（比如 Flink[7]），通过相关子网络的突变识别出特殊类型的病人。这种图形算法已经为卵巢癌、急性髓细胞性白血病和乳腺癌带来更深的研究。

并不是所有应用于癌症研究的大数据算法都非常成功，我们会在第 12 章探讨这些案例。

小贴士

- 大数据技术能够使你从无法管理的大量数据中获得商业价值。
- 大数据技术使你能够采用更多的数据驱动模式。
- 大数据打开了新型分析方式的大门，让传统方法更准确、更有见地。
- 在线客户浏览记录是被大量应用检验过具有实用价值的大数据案例。
- 大数据在医学研究方面有非常多的应用。

问题

- 你最后一次发现意外的洞见是在什么时候？你有合适的人员或者流程足以推动数据驱动的洞见吗？
- 你组织里现在应用的何种分析工具能够通过整合新的数据源

提升性能?

- 哪些问题是因为你没有必要的数据或者计算能力而难以解决的?哪些问题是你利用大数据技术现在可以解决的?

注释

[1] 一个开源且独立的全文搜索平台，企业经常用以对其数据库进行文本检索管理。

[2] 使用最为广泛的企业搜索平台，功能上类似于 Solr。

[3] 任何大数据存储系统都旨在存储原始数据，而且在收集时可能并不知道最终用途。

[4] 朝着某个目标推进的事件，但自身并没有重大价值。

[5] 对癌症基因使用平行测序进程。Crystal Valentine 在 2016 年 “Strata+Hadoop” 世界大会上的发言。

[6] 1EB 等于 2^{60} 字节，或者 1 024 PB。

[7] 一个开源的针对流数据的流程框架。

第4章

大数据分析的应用案例

在本章中，我将介绍重要的大数据商业应用分析，强调大数据技术的改进，要么是提供可扩展的计算能力，要么是通过数据本身。通过这些应用程序将KPI提高两位数的案例并不少见。

A/B测试

在A/B测试（也称分组测试）中，测试对小产品改进的影响。我们将客户随机分成几组并且展示不同的版本。测试几周后，我们再研究其影响。网站的任何属性都可以这样测试，如布局、颜色、字体、图片大小等。公司在一年中运行数百次A/B测试，以找到最显著影响总销售额、跳出率、转换路径长度等因素的属性。

A/B测试是网络公司的生命线，允许它们快速便捷地测试方案并试错，丢弃不理想的方案，并找到可行方案。除了简单地观察客户行为，A/B 测试可让你更积极地融入创建数据并做出因果陈述的过程。你不是简单地观察客户，你是在创造新的数字产品并看客户如何反应。A/B 测试可以增加几百万美元的收入。

A/B 测试本身并不是一个大数据挑战，但是将大数据应用与 A/B 测试结合可以提高效率。有以下几个原因。

- 通过简化样本，大数据可以深度处理你的目标 KPI，探索具体分类的可能结果。用一个简单的例子来说明，如果你在欧洲进行 A/B 测试，其中 A 版本是英语文本，B 版本是德语文本，那么 A 版本的效果可能会更好。如果进一步将结果按照访问者的国籍划分，你会得到一个更真实的结果。

如果你运行一个有数百个产品类别和数十个国家的客户的电子商务平台，A/B 测试版本的类别和位置将变得格外不同。如果你只研究抽样测试数据，或者只保留百分之几的测试数据（正如许多公司的标准做法一样），当产品经理问你特定市场环境、特定时窗下的特定产品性能时（例如，在一次大型网络活动中进行市场营销活动），你没有足够多有价值的数据去提出建设性意见。基于大数据，你可以通过 A/B 测试得到这些宝贵的见解。

- 大数据改善 A/B 测试的第二种方式是允许你保留所有客户的浏览数据。对于每个测试环节，它允许你略过 KPI 直接询问有关测试版本如何影响客户体验的问题。一旦你添加了测试版本 ID 到大数据客户的浏览缓存中，你可以询问诸如哪个版本使得平均购买路径更短等相关问题，或者在哪个版本中客户倾向购买最昂贵的产品？没有大数据的 A/B 测试的帮助，这些问题是不太可能得到答案的。

- 我们在上一章中提到的第三种方式是，大数据可让你使用已经收集到的数据回答新问题。关于用户对产品变化响应的猜测有时可以通过庞大的历史数据库找到答案，而不是通过运行新的测试。

为便于说明，请想象一下像 eBay 这样的公司正在努力了解物品照片如何促进销售，它通过列出相同的产品进行测试，测试需要几个星期。如果它使用大数据系统，它可以立刻梳理历史数据，识别出已出售的两对产品。像 eBay 这样的网上大卖家为了自身的利润已经进行了这样的销售测试，eBay 只需找到这些已存储在大数据系统中的测试结果。这样，公司无须运行新的测试就能立即获得问题的答案。

推荐引擎/下一个最佳购物建议

搜索引擎已经在许多公司证明了自身价值。Netflix 是推荐引擎的典型代表，它不仅通过获取和制作视频内容，还通过个性化推荐，增加了用户基础和参与指标。

在电子商务中，关键的战略能力是在适当的时候推荐产品，以平衡一组有时相互冲突的目标，如客户满意度、收入最大化、库存管理、未来销售等。你必须评估哪种产品最适合客户，同时与你自己的业务目标相平衡。你必须以一种最有可能促进购买的方式将产品呈现给客户。

如果你是一个出版商，你也面临着向读者推荐文章的挑战，做出与内容、标题、插图和文章定位相关的选择。即使从一个特定的市场细分和类别（如国际国内新闻、园艺、房地产等）开始，你也需要确定最能吸引读者的内容和格式。

案例研究：预测《华盛顿邮报》新闻的受欢迎程度

《华盛顿邮报》是少数几个成功搬到网上的新闻机构之一。2013年，亚马逊创始人杰夫·贝佐斯收购了这家公司，因此它变得具有创新性和数据驱动也就不足为奇了。事实上，Digiday将《华盛顿邮报》称为2015年最具创新精神的出版商。到2016年，全球近1亿的读者每月都在访问网上内容。

《华盛顿邮报》每天发表大约1 000篇文章。在出版之前，印刷出版商安排内容和布局，但对那些效果好的内容的反馈非常有限。网络出版提供了新的见解，允许出版商实时地测量读者与内容的互动，并通过即时更新、修改或重新定位内容来不断改进。《华盛顿邮报》每天几百万的在线访问产生了数亿在线互动，这些互动可以立即被用来引导出版和广告。

《华盛顿邮报》还利用这一大数据来预测文章的受欢迎程度，编辑能够通过添加链接和辅助内容来提高文章的阅读量和质量。

重要的是，他们可以更有效地将这些文章转换为货币价值。如果模型预测一篇文章不受欢迎，编辑可以修改标题和图片，以增加阅读量和社交分享量等。

《华盛顿邮报》以数据为导向的文化正在产生收益。在这个传统出版商正在努力重塑自我的时代，《华盛顿邮报》最近报道其在线访客数量每年增长46%，年度数字订阅用户增加了145%。

我们看到，在这个文章被阅读和分享的时代，线上转移可以帮助出版商看到哪些文章被点击了（显示了标题和照片的有效性），哪些文章被阅读到最后（根据滚动条进度和页面上的时间判断），哪些文章被分享到了社交媒体上。这种数字反馈使得纸质文章不可能实现的反馈循环成为可能。然而，有效地利用数字反馈需要出版商转向数字化解决方案。随着数据的增长、加速和复杂化，出版商需要先进的工具和技术来获得数字洞察力。为了说明这一点，假设有一个出版商，他知道某些文章的读者数量，但想要了解读者的情绪，该出版商可能会开始收集和分析社交媒体文章中提到的文本数据，使用情绪分析和更复杂的AI技术来了解文章的接受度和影响力。

对于商家来说，推荐变得更加困难。把一件商品放在网上出售，很容易卖出去，但无法了解客户的反应，而且他们往往是匿名的。作为一名商人，你需要知道客户最可能购买哪些产品、如何帮助他们。两者都需要一个持续的反映每个问题和顾客行为的反馈周期。当顾客进入商店时，你会根据第一印象制定一个销售策略。相较于中年男子，年轻女孩更可能买不同的东西。客户的第一个问题将表明他们的意图，他们对第一个物品的反应会体现出他们的偏好。

推荐引擎通常将两种方法混合使用。第一种方法叫作协同过滤，根据过去的活动产生一个推荐分数。第二种方法是基于内容的过滤，根据产品的属性提供一个分数。举个例子，在看了《星球大战 4》之后，协同过滤将会推荐《星球大战 5》，因为喜欢第四部的人通常也会喜欢第五部。基于内容的过滤将推荐第五部，因为它有许多与第四部的共同特征，如制作人、演员、影片类型等。一个未受关注的新发布的电影不会被协同算法推荐，但可能会被基于内容的算法推荐。

大数据使得推荐引擎运行良好。如果你正在构建一个推荐引擎，你将需要使用丰富的、详细的数据，包括大数据存储提供的浏览数据来校准它。大数据生态系统还提供了可扩展的计算能力，可以在推荐引擎后面运行机器学习算法，不管它们是在每天处理数据[1]，还是在实时更新。

当推荐引擎能够分析和响应实时用户行为时，它将会发挥最大的作用。这种规模上的能力是大数据生态系统所提供的。客户输入搜索词及随后对搜索结果的选择或忽略不断地传达着其偏好。最好的解决方案是实时地研究这些行为。

预测：需求和收入

如果你的预测模型是在未包含大数据的情况下构建的，那么它可能是一个由几个标准变量构建，并使用基本历史数据进行校准的统计模型。你可能使用了地理、日期、趋势和经济指标等特性来构建它，你甚至可以使用天气预报来预测短期需求和由此产生的收入。

大数据可以通过多种方式提高你的预测能力。

- 首先，它提供了更多预测工具。你可以继续使用标准统计模型，还可以使用基于云的图形处理单元（GPU）[2] 的神经网络进行试验，并使用所有可用的数据进行校准而不仅仅是一些预先选定的解释变量。零售商已经在使用这种方法有效地预测单品级别的订单。
- 其次，大数据将提供当前预测模型特性的额外解释变量。例如，除了诸如日期、地理等标准特性之外，你还可以融合大数据存储的特性。一个基本的例子是在大宗物品的销售中，越来越频繁的产品浏览会是即将到来的销售的一个强有力的预测点。

节省 IT 成本

你可以通过从专有技术转移到开源大数据技术来节省大量的 IT 成本，以满足企业的存储需求。传统的数据仓库[3] 每 TB 的成本是在商品硬件上运行的开源技术的 20～30 倍。通常，昂贵的软件许可证可以用开源技术来代替。但是，请注意，你还需要考虑技术转移过程中涉及的人力成本。

市场营销

市场营销是你可能会应用大数据的第一个地方。戴尔 2015 年的调查显示前三项大数据的应用案例都与市场营销有关。这三项分别是：

（1）更好地定位市场营销活动。

（2）优化广告支出。

（3）优化社交媒体营销。

这凸显了大数据对市场营销的重要性。数字空间中潜在的广告位置的数量是巨大的，你可以通过多种方式组合（通过关键词筛选）、购买（通常通过一些竞价流程）及投放数字广告。一旦你的广告被投放，你就会收集广告投放的细节和点击反馈（通常是通过在网页上放置不可见的像素，将数百万条信息集中发送回中央存储库）。

一旦客户遇到你的产品，通常是通过访问你的网站或与你的移动应用程序互动，他们就会留下数字痕迹，你可以用传统的网络分析工具或者大数据工具进行详细分析。

市场营销专家通常是网络分析的最大用户，这反过来又成为网络公司的切入点，它们选择存储和分析完整的客户浏览数据而非汇总或采样的网络分析数据。市场营销专家依赖网络数据了解各种营销活动或关键词搜索产生的客户群的行为，将收入分配至各采购源，识别顾客在网上容易退出和放弃购买的节点。

社交媒体

社交媒体可以在帮助你了解客户方面发挥重要的作用，特别是在实时的情况下。comScore 最近发布的一份报告显示，美国人在社交网络上花费的时间占总上网时间的近 1/5（见图 4－1）。

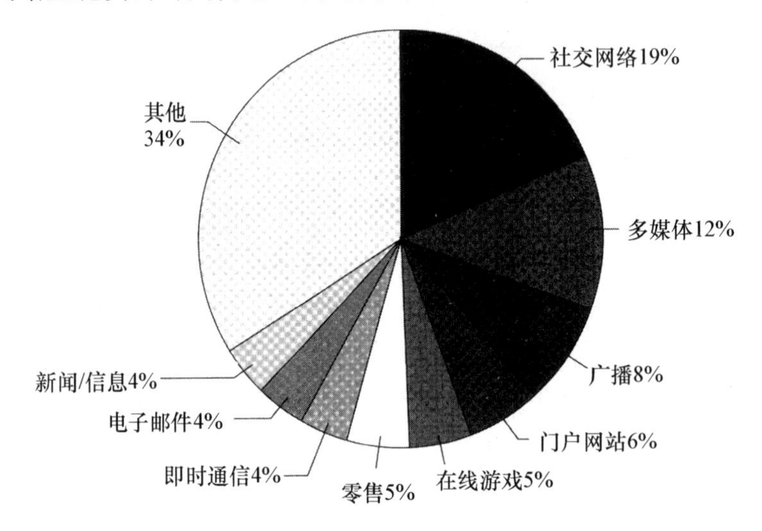

图 4－1　各内容类别占总体数字化时间的比例

资料来源：comScore Media Metrix Multi-Platform，US，Total Audience，2015，12.

社交媒体可以洞察客户的情绪、关键字的使用和营销活动的有效性，并能指出你需要立即解决的公关危机。社交媒体的数据量庞大且更新速度快。比如，在推特上每秒钟就有 6 000 条推文产生，每年共计 2 000 亿条推文。一系列的社交渠道也在帮助理解消费者群体上发挥着重要作用，每个渠道都有各自综合的图像、链接、标签和文本，吸引不同的消费者群体，有着不同的用途。

定价

你可以在公司中使用一个或多个标准定价方法。这些方法专门适用于特定的部门和应用程序。

为了防止套利，金融工具使用基于市场利率变动的数学模型所构建的公式或模拟来定价。保险公司使用风险和基于成本的模型，该模型可能也运用模拟来估计非正常事件的影响。如果你使用这种基于模拟的定价方法，大数据生态系统会为你提供一个可扩展的基础设施，用于快速蒙特卡洛模拟[4]（尽管存在捕获相关性的问题）。

如果你从事商务或在旅行中，你可能会使用动态定价的方法，包括对供给和需求曲线进行建模，然后使用实验方法来模拟这两条曲线的价格弹性。在这种情况下，大数据为你提供了本章前面提到的预测工具和方法，你可以在客户浏览数据中使用微转换作为理解价格弹性的额外输入。

客户维系/客户忠诚度

使用大数据技术建立客户忠诚度有两种方式。

首先，通过监测和回应社交媒体上的信号，并根据全渠道体验的多个接触点检测预警信号来进行防御。接下来，我将通过客户流失来解释这种全渠道的信号。在第 6 章中，我还讨论了与视频分析相关的客户服务的案例，这是一种应用非传统数据和 AI 来留住客户和建立忠诚度的技术。

其次，通过优化和个性化客户体验来建立防御。使用 A/B 测试改进产品；建立推荐引擎，为客户提供良好的购物体验；为每个客户访问提供定制化的内容（首先使用离线大数据分析构建，然后使用流动处理实现实时定制）。

购物车弃置管理（实时）

大约 75%的网上购物车被顾客弃置。设计一个 AI 程序，分析引导客户把商品添加到购物车中的行为。当 AI 预测客户可能不完成购买时，它应该采取适当的行动来提高购买的可能性。

转化率优化

转化率优化是一种能实现转换数量最大化的展示商品的流程。转化率优化是一个非常宽泛的话题，需要采用多学科的方法。它是艺术和科学、心理学和技术的结合体。从技术方面来说，转化率优化运用了 A/B 测试、相关推荐和定价、实时商品定制化、购物车弃置等技术。

商品定制化（实时）

根据你对访客及其最近行为的了解，实时调整网站的内容和格式。你会从过去的互动中了解访客的一般属性，但是根据访客过去几分钟或几秒钟的行为，你就会知道他们在寻找什么。你需要完整的客户浏览记录来构建定制算法，需要流数据技术来实时提供解决方案。

重新定位（实时）

设计一个 AI 程序，实时分析网站上的客户行为，并估算客户在下次访问时完成购买的可能性。使用这些信息与客户随后访问的其他网站上的标的物进行竞价。你应当立即调整报价（一秒之内）而不是每晚调整一次。

诈骗检测（实时）

除了使用手动筛选或基于规则的自动化方法进行诈骗检测之外，探索在大数据集上训练的其他机器学习方法。存储大量时间序列数据的能力既提供了更丰富的训练集，也提供了使用快数据[5] 方法的特性和可扩展实时部署的额外可能性（第 5 章）。

减少客户流失

你应该积极地识别那些不再购买你的产品的高风险客户，努力拉近与他们的距离。如果你有付费使用模式，你会关注那些有可能取消订阅或取消付费使用的客户。由于获得新客户的成本会消耗大量的市场营销预算，因此减少客户流失方面的投资是非常重要的。

有几种典型的分析模型可以用于客户流失分析。一些模型用于估算客户的生存率（寿命），另一些模型则是为了估计在一段时间内（如接下来的两个月）客户流失的可能性。客户流失通常是一种罕见的事件，这使得你很难校准模型的准确性，并在误报和漏报之间保持平衡。仔细考虑你对任一方向错误的容忍度，权衡错误地给客户贴上“潜在流失客户”的标签所浪费在减少客户流失率上的成本和错误地未标记真正有流失风险的客户的成本。

这些传统的客户流失率模型要输入所有相关和可用的特性，包括订阅数据、账单历史和使用模式。当你增加数据供应，增加客户浏览数据，如查看合同条款的网页、与线上客服的聊天及通话记录和电子邮件交流时，你可以构建一个更完整的客户状态的图像，尤其是当你将这些事件按照时间顺序来看时（如先收到高额账单，随后与客服联系，然后在网上查看取消政策）。

除了利用额外的数据和数据源来改进传统模型的执行程序之外，还可以考虑使用人工智能模型，特别是深度学习，来减少客户流失率。有了深度学习的模型，你可以研究非结构化数据源而不是专注于为客户流失模型预先选择的特性。

预测维护

如果你的公司花费大量的资源来监视和维修机器，你将希望利用大数据技术来帮助预测维护。它既可以减少耗损，又可以避免意外故障。对于许多行业来说，这是一个重要的领域，包括物流业、公用事业、制造业和农业。对许多行业来说，准确预测潜在的机器故障可以节省巨大的成本。例如，一些航空公司的维修问题造成了大约一半的技术原因航班延误。在这种情况下，预测维护每年可以节省数千万美元，同时也能极大地提高客户满意度。

物联网通常在此类应用中扮演着重要的角色。你在机器部件和系统中配置更多的传感器和反馈机制，就可以获取更丰富的实时操作数据流。这样不仅可以确保可靠性，还可以调整系统参数来提高生产率、延长组件寿命。

这种流动大数据将你从模型驱动的预测维护转移到数据驱动的预测维护，让你可以持续地对实时数据做出响应。我们以前可能根据标准的时间表预测、检测和诊断故障，并对定期收集的任意数据进行补充。你应该更多地实时监控系统，并改进任何可能有助于提高系统整体效率的任务或参数。

供应链管理

如果你在管理供应链，你可能已经看到了过去几年里相关数据的极大增长。最近对供应链行业领导者的调查显示，超过一半的受访者表示他们已经或期望在一个数据库中拥有千万亿字节的数据。供应链数据已经变得比简单的库存、路线和目的地数据更加广泛。除了运输中传感器的实时环境数据，它现在还包括运输和集装箱及个人物品级别的、详细的、接近连续的库存跟踪技术数据。

这些调查的受访者表示，增加供应链移动的可见性，是对大数据技术最有价值的应用，其次是增加追踪产品位置的能力，再次是从博客、评分、评论和社交媒体中获取用户情绪的能力。其他有价值的应用包括传感器读数（特别是温度）和设备功能的流动监测，以及与处理相关语音、视频和保修数据相关的应用。

顾客终身价值

当你努力地了解营销的投资收益和客户流失的成本时，你需要分析顾客终身价值，即顾客在未来可能为企业带来的收益总和。顾客终身价值的基本计算公式是：

$$\text{顾客终身价值}=\text{来自客户的年利润总额}\times\text{客户活跃的平均年数}-\text{获取客户的成本}$$

预估不同顾客群体的顾客终身价值可以让你更好地理解获取每个细分顾客群带来的投资收益。如果预期利润不超过获取成本，你就不会想要争取这些顾客。

你对顾客终身价值计算的准确性随着你细分顾客群体的能力和计算相应的顾客流失率的能力的提升而增加。你通过交叉销售、向上销售和转化率优化来减少顾客流失并进一步活跃顾客的能力，将提升顾客终身价值。

使用可用的大数据来产生更精细的顾客细分。这些额外的数据主要包括数字活动（包括获取来源、网页导航、电子邮件点击率、内容下载和社交媒体上的活动）数据，对于一些行业来说，也可能包括你的客户制作的音频和视频数据。为了说明这一点，你可能会发现，你从社交媒体推荐中获得的顾客将比你从价格比较网站获得的顾客维持得更长久。

线索评分

线索评分是将销售前景按潜在价值进行降序排列的艺术/科学。Marketing Sherpa 在 2012 年的一项研究报告中称，只有 21%的 B2B 营销人员在使用线索评分，说明还有极大的增长空间。

使用线索评分来帮助销售团队区分营销活动的优先顺序，可在没有出路的线索上减少时间浪费，利用更多时间来寻找高质量的潜在客户。你可以借助你在客户流失率分析和顾客终身价值中使用的技术来生成一个销售线索分数，该分数是销售线索转换的可能性与销售线索预估的顾客终身价值的乘积。

对于试图向现有客户交叉销售和向上销售的，需要从相同的客户数据源入手。如果销售线索不是当前客户，并且转换不频繁，你通常会获取更少的数据，因此，你需要选择和校准使用更有限的数据的模型（例如，机器学习模型通常不会有效）。

考虑使用 AI 方法来检测与销售活动相匹配的音频和视频记录中的信号。如果有足够的训练数据，这些方法可以用来训练自动标记你的高质量潜在客户（实时）。我们在第 6 章中提到了这种方法的一个非常基本的案例。

人力资源

如果你在人力资源部门工作，你可以利用工具和方法来进行线索评分、客户流失率分析和转化率优化，找到并吸引最佳候选人，减少员工流失率，改进与生产力和员工满意度相关的关键绩效指标（KPI）。

招聘及人力资源的专业人员需要检查类似的数据，以了解并最终影响招聘的成功，提高员工的工作效率，减少不当的资源消耗。除了传统的人力资源数据（人口统计资料、申请日期、开始日期、职位、薪水，等等），还需要获取新数据，如不同类型职位公告的回应模式，求职者的照片和视频、简历、面试记录、电子邮件、经理的评论，以及任何其他数字记录，包括社交媒体上的活动。

关注隐私法和公司的隐私政策。即使不保留个人身份信息，对这些数据的分析也可以提供有价值的见解。这不仅体现在雇员层面上，也体现在部门、地区和国家层面上。

情绪分析

通过分析顾客的文字、语音、视频和打字节奏，以及摄像机和红外监控等现场监视器所返回的数据，你可以了解他们的意图、态度和情绪。

24 小时的监控系统可以向你提供公众对市场营销或新闻事件的反应。如果担心安全性或诈骗，你可以使用情绪分析在入口点或应用程序过程中标记高风险个体，将这些情况转发给受过培训的人员进行人工评估。

正如 AI 一样，情绪分析也并非完全准确，但是它可以比人工更快地让你注意到流行的观点，并通过快速地梳理大量的和迅速移动的数据来确认共同的主题。此外，一些系统可以比人类观察者更准确地发现特征和模式。

请牢记

大数据技术可以帮助你完成很多事情，但它并非撒手锏。通常你应该使用传统数据来构建初始解决方案，然后使用大数据来构建更好的解决方案。

到目前为止，我们已经描绘了大数据和 AI 的概况，并研究了几个商业应用程序。在本书第一部分的结尾，我们详细介绍了使大数据解决方案成为可能的工具和技术。在第二部分我们将关注利用企业大数据的实际步骤。

小贴士

我们简要概述了 20 个商业分析的用例，其中一些应用正在逐步改进，另一些应用借助大数据技术也有了显著的提升。

问题

- 这 20 个商业应用中，哪一个对你的企业最为重要？对于已经在你的企业中使用的那些应用，你可以在哪里添加额外的数据源，特别是大数据或全渠道数据？
- 在 5%的增长率下，哪些关键业绩指标能够显著地提升你的结果？一个协同的分析有助于提升一个管理良好的关键业绩指标 5%的比率，对于一个管理不佳的关键业绩指标则能够提升 20%或更高的比率。

注释

[1] 定期（通常是每天）而非连续运行的计算机作业。

[2] 一种专门为计算机图形或图像处理而设计的电子电路。

[3] 帮助分析和报告而非运行操作的数据基础。

[4] 反复地将随机数字输入到假定支配某一流程的分布中，然后研究总体结果。

[5] 高速出现时接收、分析和响应的数据。

第5章

理解大数据生态系统

什么让数据变“大”

大数据的定义包含三个要素，这三个要素是由高德纳公司（Gartner）的道格·莱尼（Doug Laney）于2001年首次提出的。三个要素分别是数量、速度和多样性。你可能还会看到有新提出的要素，如真实性。

- 数量指的是你存储的数据量。比如你存储的直系亲属的姓名和地址就是数据。如果你存储了你国家所有人的姓名和地址，那就是大量的数据（你可能需要在你的电脑上使用不同的程序来获取这些数据）。如果你国家的每个人都将他们的自传发给你，那就是大数据。你需要重新考虑如何存储这些数据。

我之前说过，美国国家安全局成立了一个数据中心，这个数据中心可能会达到1尧字节[1]的存储量，另外YouTube可能是当今最大的非政府的数据存储者。这是由于十亿多个YouTube用户中有一半是在移动设备上观看视频的，上传新视频内容的用户的上传速度是如此之快，以至于仅在3月15日一天上传的内容可能就相当于以高清格式记录了尤利乌斯·恺撒一生中每一秒活动的内容总和。世界日新月异，科学家预测，我们很快将会以比YouTube视频上传速度更快的速度存储新测序的基因组数据。

案例研究：基因数据

生物学家可能很快就要成为最大的数据存储公众消费者。如今对一个人的基因序列测序的成本已经不足1 000美元，测序速度可以达到每周10万亿对基因序列以上，目前已经在50个国家建造了超过1 000个基因测序中心，因此，现在我们可以看到每经过7个月存储的基因数据的总量就会翻一倍。

在冷泉港实验室[2]的研究计量生物学的西蒙斯中心（Simons Center）的研究学者最近发表了一篇论文，预测基因组学领域不久将成为世界上最大的增量存储消费者。同时他们预测，将会有不少于20亿人在未来的10年内有自己的基因数据。

新的基因测序技术正在以过去无法想象的层面揭示基因变异，尤其是在癌症中。这意味着研究者可能最终需要对每个人进行测序并存储上千的基因组数据。

- 速度指的是数据的积累速度。在一个小时内处理 10 万个网店产品的搜索请求，与在一秒内处理这些请求是截然不同的。

之前我介绍了 SKA（平方千米阵列）[3]，它是下一代射电望远镜，被设计为相比其他的图像设备有 50 倍灵敏度和 10 000 倍巡天速度。一旦完成，每秒将会产生令人吃惊的 750TB 的图像采样数据。在一眨眼间，这些数据流可以将一般笔记本电脑的存储空间填满 500 次，在一个巴黎人的午餐时间内，这些数据可以把巴黎所有的笔记本电脑填满。eBay 在 2002 年第一次购买了它的技术核心——天睿公司（Teradata）的大型并行数据库。SKA 可以在两秒内把这个数据库填满。

数据积累速度带来的挑战不一定也会带来数据量上的挑战。SKA 的天文学家和 CERN 的粒子物理学家会在过滤完数据后丢弃绝大部分。

- 多样性是指数据的类型和本质。传统的消费者数据会设置类似于姓名、地址、电话等属性，但数据常常是没有格式的文本、图像数据、传感器数据或者是一些数据和时间戳的组合，它们会以一种复杂的模式呈现。因此，用来存储和分析的系统必须足够灵活才能适应那些难以预料的数据。我们将在第 8 章讨论可以处理这些数据的数据库。

这三个因素说明了你需要克服的主要挑战，但是它们也为你提供了巨大的机会，使你能够以以往不可能的方式从数据中获益。

请牢记

单凭经验来说，大数据是指在最近的“普通”计算机协作编程研究出现之前，因为无法对数据进行成本可承受、可伸缩的处理而带来的挑战。

分布式数据存储

处理存储限制有三种基本方法：

(1) 买一个更贵、存储量更大的设备，但价格可能要翻五倍才能实现双倍存储量。到了某一程度，不会再有更大的设备可用。

(2) 购买单独的存储设备。在这种情况下，你将无法拥有集中数据所带来的功能。

(3) 丢弃任何与系统不兼容的数据。

还有一种成本更高的技术。专业生产商会生产一种叫作大规模并行处理（MPP）数据库，它由一些特殊的网络连接的硬件同步工作组成。它可以通过添加额外的机器来实现扩容，但是成本会快速提高。

我们在第1章讨论过，有两件事情影响了数据存储的经济性。

(1) 商品电脑（如惠普、戴尔等的通用计算机）价格大幅下跌，使得企业可以购买成套甚至成百上千的电脑。

(2) 用于协调此类计算机的开源技术的传播，特别是 Hadoop

软件框架的创建。

Hadoop 通过使用 HDFS（Hadoop 分布式文件系统）使得扩展存储的成本近似于线性。你再也不需要花五倍的钱买两倍的存储空间，取而代之可以通过两台机器获得两倍的存储空间或者是十台机器获得十倍的存储空间。在稍后的讨论中，我们会提到在低成本、高扩展存储上，现在有一些 HDFS 的替代品。

扩展存储设备的经济性因此发生了戏剧性的变化，同时我们处理数据的能力也发生了一个根本性的变化。现在可以对以前可能需要丢弃的数据提出新的问题，这使得研究组织在研究数据时更具有敏捷性。你可以以任何程度的细致去分析任何历史事件。你不再需要解决存储问题，现在你可以专心利用数据获得竞争优势。

一份 2015 年来自戴尔的调查显示，73%的组织表示它们曾经有可以用来分析的大数据，同时 44%的组织表示不确定如何着手处理大数据。一项由 Capgemini 和 EMC 发起的类似研究也强调了大数据的重要性，65%的受访者发现如果他们忽视大数据就会落后于时代并且缺乏竞争力，53%的受访者认为会受到那些来自数据驱动的初创公司的强有力的竞争，24%的受访者表示正在面临相邻领域的竞争者入场。

分布式计算

新的大数据技术能做的不只是存储数据，它们还可以用于更快地计算解决方案。考虑一下经典问题——在一个草垛中找针。如果草垛分成 1 000 个部分并投入 1 000 个人去找，那么搜索速度会快得多。草垛越大，从这种方法中受益越多。许多软件应用程序都是这样工作的，而且硬件价格下降使得购买（或租用）额外的计算机以解决最重要的问题变得极具吸引力。

Hadoop 框架有两个核心组件：

（1）Hadoop 分布式文件系统（HDFS）：Hadoop 的分布式可扩展文件系统。

（2）MapReduce：可以在多台计算机上运行的编程模型。

MapReduce 提供了一种在许多机器上分配某些任务的方法，就像之前的草垛例子一样。MapReduce 对 HDFS 中存储的内容计算，以往需要几天才能完成的计算问题，现在通过普通编程语言和硬件在数小时或几分钟内就可以完成。

目前 MapReduce 在许多应用中被一个叫作 Spark 的新框架所取代，该框架是由伯克利大学的 AMP 实验室开发并于 2014 年发布的。Spark 相比于 MapReduce 有几个优点，比如在许多应用程序中它的运行速度要快 100 倍。

快数据/流数据

快数据是需要立即做出反应的高速数据。许多组织认为利用好快数据比利用大数据更重要。今天的大部分数据既快速又量大，因此快数据通常被视为大数据的一个子集。

考虑实时分析和处理数据带来的优势，当然你也可以将数据存储起来供以后使用。在此过程中，你需要在做出实时决策时将新的流数据与已存储的数据相结合。你将需要处理此类实时应用程序带来的特殊挑战，并且你可能需要参考与 Lambda 体系架构[4] 相关的开发成果，以及最近的 Apache Beam。[5]

为什么处理流大数据如此具有挑战性？因为你不仅需要考虑速度、带宽、一致性和时间方面的额外需求，你还需要实时分析以便实时响应。例如：

- 用信用卡购买时的欺诈检查。
- 关闭故障机器。
- 通过网络重布数据/流量/功率流。
- 实时定制 Web 页面，根据消费者最后几秒钟的活动进行定制，以最大限度地提高消费者购买的可能性。

在 IoT（物联网）技术中，你将看到更多的流数据，例如移动车辆或制造系统。由于在此类应用程序中具有严格的延迟[6] （时间）和带宽（卷）限制，因此需要对实时处理或存储的内容进行更严格的选择，以便以后进行分析。这就带到“雾计算”的话题。

雾计算/边缘计算

雾计算，也称边缘计算，是在传感器网络的边缘处理数据（见

图 5-1)。这种架构减轻了与带宽和可靠性相关的问题。

如果传感器网络收集的传感器数据传送到中央计算点，然后返回执行结果，它们通常将受限于现有通信技术的传输速率，例如 LoRaWAN（长距离广域网），你的手机 3G 蜂窝网络的传输速率大概是 LoRaWAN 的 400 倍。这样的数据移动可能是完全不必要的，并且它们引入了额外的潜在故障点，因此要将计算推近网络边缘。

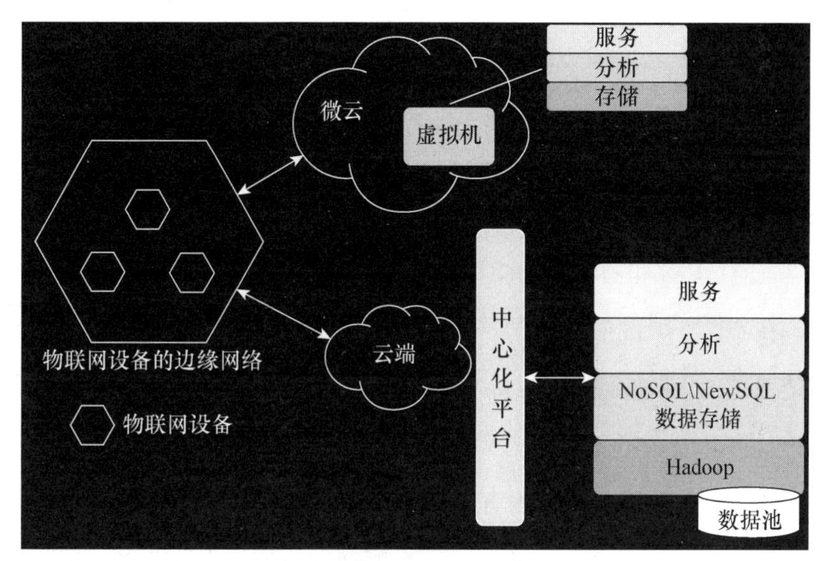

图 5-1　雾计算架构

开源软件

开源软件是大数据技术迅速发展传播的重要原因。谈到大数据，就不能不提到可以免费使用和修改的广泛的计算机代码生态系统。

开源软件的历史

在计算机出现的早期阶段，计算机代码被认为是一种创意或方法，防止被复写。到了 1980 年，美国将版权法的领域扩展到了计算机程序。

1983 年，麻省理工学院的理查德·斯托尔曼（Richard Stallman）通过建立旨在促进软件开发的自由和开放协作的运动来反驳这一裁决。他创建了一个项目（1983 年）、一个宣言（1985 年）和一个法律框架（1989 年），用于制作任何人都可以自由运行、复制、分发或修改的软件，但须遵守一些基本条件（例如不试图转售软件）。因一些未知的原因，他将这个叫作 GNU 项目，并且法律框架是通用公共许可证（GPL）的几个版本中的第 1 版。

在 GNU 项目中发布的基础软件之一是 1992 年发布到现在已经无处不在的 Linux 操作系统。稍微夸张一点说，这个星球上几乎所有的软件开发者都正在或者曾经使用过 Linux。

20 世纪 90 年代，作为开源发布的另一个无处不在且功能基础的软件是 Apache HTTP 服务器，它在网络的发展中起着关键作用。该软件的起源可追溯到一个在 1993 年仅涉及 8 位开发人员的项目。在 1995 年初版发布后的 15 年中，Apache HTTP 服务器为超过 1 亿个网站提供了基本的服务器功能。

虽然大多数公司建立的商业模式都是围绕着不让它们的软件自由可用，当然也不发布源代码，但许多软件开发人员都强烈支持使用开源社区并为其做出贡献。因此，软件开发的私有和开源在同时增长。

很快有趣的事情发生了，它标志着开源的一个重要转折点。1998 年，网景通信公司（Netscape Communications Corporation）宣布，将向公众发布其浏览器源代码。该公司开发了一款与微软的 IE 浏览器竞争的浏览器。从此，开源开始从企业和个人贡献中成长。

1999 年，已经广泛使用的 Apache HTTP 服务器的发起者创建了 Apache 软件基金会，它是一个属于开发者的去中心化的开源社区。现在 Apache 软件基金会成了发布开源大数据软件主要的孵化场所。2006 年 Hadoop 对 Apache 公开，同时很多在 Hadoop 的 HDFS 上运行的软件都以 Apache 基金会的条款授权。

图 5－2 展示了 Apache 1997—2017 年开发者数量的增长情况。

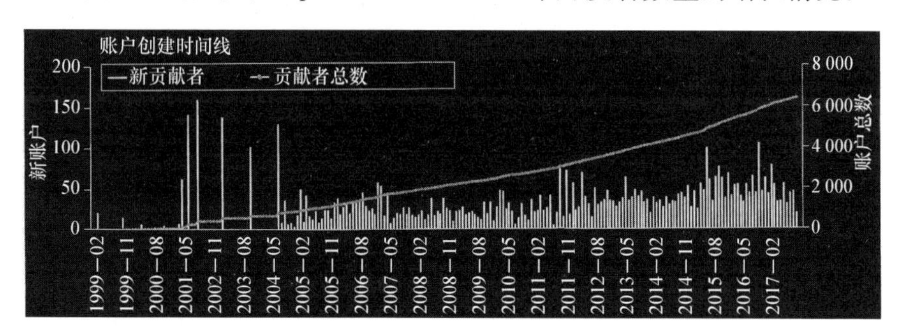

图 5－2　Apache 开发者数量的增长：1997—2017 年

许可

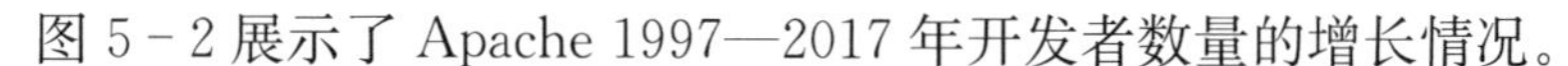

现在有几种普遍使用的开源协议，它们在发布、修改、再授权、

代码链接上有不同的限制。来自 GNU 的原版 GPL 现在已经发展到了第 3 版，Apache 基金会也有自己的版本[7]，同时麻省理工学院这样的组织也有。

代码分发

开源软件一般会通过源代码或者变异后的代码分发。代码通过版本控制系统（VCS）[8] 进行管理，比如 Git 托管在 GitHub 或 Bitbucket 等平台上。这些系统提供了一种透明的方式来查看代码中的每个添加或修改，包括谁进行了更改以及何时进行了更改。软件开发人员在他们的简历中使用对此类项目的贡献展现自己的能力。

开源的好处

许多程序员对开源项目做贡献是因为他们坚信软件应该是免费的。你可能想知道为什么一个公司会贡献代码，将他们花费大量资源开发的软件拱手送人。软件公司自己也想知道这一点。2001 年，当时担任微软高管的吉姆·奥尔欣（Jim Allchin）曾说：

> 就软件业务和知识产权业务而言，没有比开源更糟糕的事情。

尽管这一声明的态度强硬，但微软还是对开源做出了一些贡献。

你想要对企业的软件进行开源的原因有很多，比如：

- 促进软件的传播，以便出售支持服务或强化的非公共版本。
- 促进软件的传播，增加其他收入来源。例如，当使用你所生产的硬件或（付费）软件运行的开源软件时。
- 利用开源社区的集中开发力来调试和改进用于执行企业重要任务的开发软件。
- 当你在转售的产品中加入开源许可的代码时，可以满足许可要求。
- 促进公司技术上的进步，并吸引顶尖人才。

请牢记

向开源存储库添加软件是提升你自己和你公司的好方法。

大数据中的开源软件

开源在大数据生态系统中发挥了重要的作用。Hadoop 背后的概念最初发表在 2003 年的一篇研究论文中，Hadoop 本身是在 2006 年创建的一个（开源）Apache 项目。从那时起，Apache Foundation 创建了许多与 Hadoop 连接的软件工具。

还有许多与 Hadoop 无关的大数据工具也是 Apache Foundation 的一部分，或者是以 Apache 协议发布的。MongoDB 和 Cassandra 是两个典型的例子。Spark，一个我们之前提到的基于内存的大数据框架，是在伯克利实验室开发并且随后作为 Apache 项目发布的[9]。不过另一个例子——Neo4j，一个大数据的图形数据库，不是在 Apache 而是在 GPLv3 协议下发布的开源的社区版本。

不管是硬件还是软件，仍然有许多大数据工具是专有的。在某些情况下，你可能更应该使用这些专有解决方案而不是开源软件。第 9 章更多地讨论了为什么要这样做。

云计算

简单地说，云计算是中央计算机硬件或软件资源共享的模型。云计算有各种各样的形式，包括公共云（如 AWS、Azure、Google 云）和私有云。大公司用其管理中央计算资源，通过灵活的方式分配资源，以满足内部业务单位多变的需求。

云计算已经无处不在，无论是在个人还是商业使用中。当使用 Gmail 或者允许苹果或谷歌存储智能手机上的照片时，我们都在使用云计算。像 Netflix 这样的公司依赖云计算提供服务的程度就像人们使用 Salesforce 软件一样。

云计算成为大数据生态系统的关键部分，有如下几个原因。

- 速度和灵活性：云计算使你可以快速轻松地实验和扩展数据计划。一旦有了想法，你不再需要获得大型硬件购买的批准，然后等待安装的时间。取而代之的是，一张信用卡和最小预算可以让你在几分钟内启动数据计划。

• 减少对专业技能的依赖：除了“基础设施即服务”（IaaS）类别的硬件和网络的基本设置之外，一些公司还将提供启动（大）数据计划所需的软件层。这包括“平台即服务”（PaaS）（其中包含操作系统、数据库等），以及“软件即服务”（SaaS）（其中包括 Azure ML，Gmail，Salesforce 等托管应用程序）。将越多的非核心任务交给云计算提供商，你就越可以集中精力于关键的差异化因素。

• 节省成本：云计算是否比内部维护硬件和服务便宜，取决于你的使用情况和不断变化的市场价格。无论哪种方式，云计算都为你提供了将 IT 成本从资本支出转移到运营成本的机会。

在云计算中，你应该注意几个更细微的因素，我在第 11 章讨论安全性和治理时，会再次讨论这些问题。目前最重要的一点是，云计算为大数据项目提供了敏捷性和可扩展性的好处。

我们已经讨论了与大数据相关的主题，接下来我们就讨论如何在你的企业运用大数据。

小贴士

• 数据解决方案如今被设计为处理高容量、多样性和速度。

• 处理此类数据的关键是在许多较小的计算机上分配存储和计算量。

• 公开可用的开源软件在大数据技术的传播方面具有无法估量的价值。

- 云计算是公司开始并扩展其数据和分析工作的重要推动因素。

问题

- 哪些软件应用程序是一定需要从内部构建或从供应商处购买而不是利用开源软件的？对于其他的所有应用程序，可以使用哪些开源软件以及如何从中受益？
- 你的哪些业务应用可以从提供实时分析和合理响应技术中受益？例如，考虑一下实时个性化、推荐、营销、路线规划和系统调优。
- 你的组织中的重要应用是否因为集中处理而来回移动数据从而导致延迟？通过分散计算或利用 Spark 或 Flink 等流技术，你可以加速哪些应用程序？
- 组织 IT 的哪些部分尚未迁移到云端？如果以前认为云计算风险太大或成本太高，那么之前的哪些问题现在仍然存在？云技术正在迅速发展，曾经谨慎的公司越来越能接受云计算。

注释

[1] Yottabyte（尧字节）为 $1\,024^4$ TB 或者 $1\,024^5$ GB。

[2] Cold Spring Harbor Laboratory（CSHL）又译为科尔德斯普林实验室，是一个非营利的私人科学研究与教育中心，其主要成就为分子生物学领域。

[3] SKA（平方千米阵列）：计划中的下一代巨型射电望远镜，用于天文探测，

总部在英国，分布在南非和澳大利亚，有来自 20 多个国家的约 100 个组织已参与到 SKA 的设计研发中。

[4] Lambda 体系架构：一个满足高速数据的要求和精确数据存储的数据处理架构。

[5] Apache Beam：一个既可以批量也可以以流的方式处理数据的开源编程模型。

[6] 延迟：节点间数据移动耗费的时间。

[7] Apache 现在的协议一般称为 Apache 2.0，2004 年获得 Apache 软件基金会批准。

[8] 用来控制和记录文档的变化的软件工具。

[9] 基于此原因，Spark 的一部分是在 MIT 协议下发布的。

第二部分

将大数据生态系统应用到组织中

第6章

大数据如何指导组织战略

在评估你的公司战略时，甚至可能在考虑战略重点时，你想要收集和利用所有可用的数据，以深入了解你的客户、竞争对手、影响你的外部因素，甚至是你自己的产品。大数据生态系统将在此过程中发挥重要的作用，以前所未有的方式启发洞察力和指导行动。

你的客户

客户数据是你最重要的资产之一。现在相较于以往有了更多可用的数据，它们可以告诉你的关于你的客户和潜在客户的信息远比你期望的多，比如他们是谁，激励他们的是什么，他们更喜欢什么，以及他们的习惯是什么。收集的数据越多，客户描述就会越完整，因此要将"从尽可能多的渠道收集尽可能多的数据"作为你的目标。

获取数据

首先确定所有客户的互动点。

- 访问你的数字平台：网站、应用程序和网亭（kiosks）。
- 与客户互动：电话、电子邮件、在线聊天等。
- 社交媒体，包括直接发消息、推文以及你的或他们的账户上的帖子。
- 包括商店视频和移动日志在内的身体移动记录。移动监控有多种技术，包括嵌入式传感器、无线网、蓝牙、无线电信标台，甚至是光频与智能手机的应用程序相结合。
- 在某些行业，你可以获得来自传感器、无线射频识别（RFID）标记、个人健身追踪器等额外的（非黏性）传感器数据，这些数据可以提供生物医学读数、加速度计数据、外部温度等数据。

对于每个交互点，你需要清点一下：

- 你可能收集哪些数据。
- 该数据的潜在用途是什么。
- 你应该考虑哪些隐私和治理因素（见第 11 章）。

对于许多组织来说，交互点将包括实体和网络商店、苹果（iOS）和安卓应用程序、社交媒体渠道，以及为商店、呼叫中心、在线聊天和社交媒体中的客户提供服务的人员。我将用几个例子来说明。

数字化

从你的数字化平台开始。首先是基础知识（不是大数据）。

你的网站上可能已经有一些网站分析代码记录了高级别事件。请确保你还记录了客户浏览中的关键时刻，例如什么时候访客进行网络搜索、选择过滤器、访问特定页面、下载资料、观看视频或将物品放入购物车中。记录鼠标运动情况，如滚动和悬停。确保这些时刻的标记方式能够保留稍后需要的详细资料，例如将产品类别、价格范围、产品证明（ID）的详细信息添加到与每个项目的描述页面相连的网页标签中。这让你得以快速进行分析，例如确定某些类别的产品多久被查看一次，或者营销活动在推动预期事件方面的效果如何。最后，你可能会有几十个甚至几百个特定的维度，你可以将这些维度添加到方便使用的网络分析数据中。这还不是大数据。

借助你标注的附加的详细信息标记，你将能够分析和了解客户，并且了解不同类型的客户如何与你展示给他们的产品互动。我将在下面举例说明。

如果你尚未这样做，请为导致重要转变事件（如购买）发生的顺序事件设置转换程序。基本购买程序可能如图6-1所示。

转换程序中的每个中间目标都是微转换，共同导致宏转换（在这种情况下为“结账”）。选择你的微转换方式，以反映增加的参与度和增加的最终转换的可能性。你设置的程序将使你能够分析每个阶段的下降比率，从而解决潜在的问题，并提高每个阶段中访问者

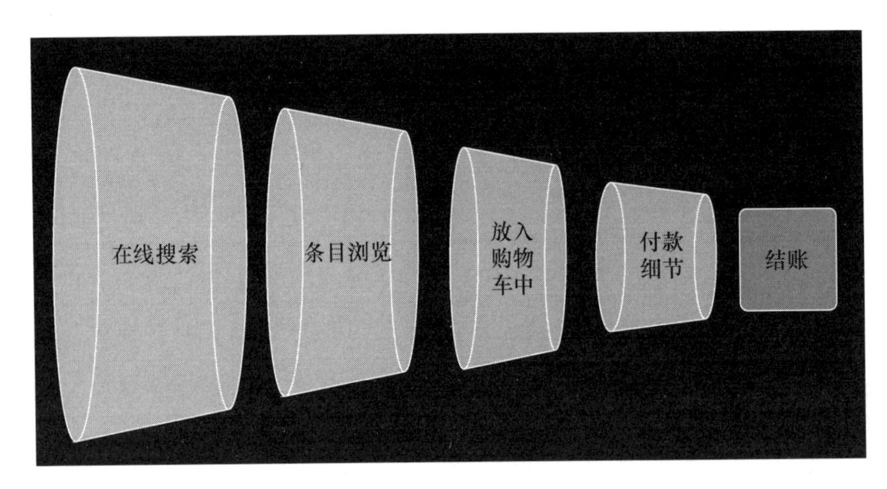

图 6-1　样本转换程序

的百分比，最终在程序末端到达转换事件。根据你的产品，客户在程序下的活动可能会持续几天、几周或几个月，因此你需要决定要“放弃”什么。

对于你的网站中的隐私和治理，请遵守当地有关使用网络追踪器的法律。你要制定一份存储浏览数据的清单，包括识别个人用户（如网际协议 IP 地址）以及以后如何使用在与使用者交流过程中收集到的信息。例如，如果你根据用户的在线操作对你的内容和营销进行个性化设置，则需要考虑道德和法律的影响。请记住塔吉特的例子。

接下来要讲的是大数据部分。你设置了网络分析以记录对你最有意义的信息。现在，将你的网页挂接到一个为每个网络访问者记录每个在线事件的大数据系统上。你需要大数据存储系统（如 HDFS），并且你需要将事件发送到该存储的代码（通常为 JavaScript）。如果想要最少痛点的解决方案，请使用 Google Analytics 的优质服务（GA360），并激活云数据分析引擎（BigQuery）整合。这将把你的网络数据发送到谷歌的云存储，让你在几个小时内就可以详细地分析它。如果需要实时数据，你可以更改 GA JavaScript 方法 sendHitTask 并将相同的数据发送到谷歌和你自己的存储系统。图 6－2 展示了这种架构。请注意，谷歌的条款和条件要求你不要发送个人身份信息（PII）[1]（我们将在第 11 章更深入地讨论 PII）。

现在，你拥有了原始客户的（大）数据，还需要制定一个非常详细的了解你的客户的框架，如本章后面所述。

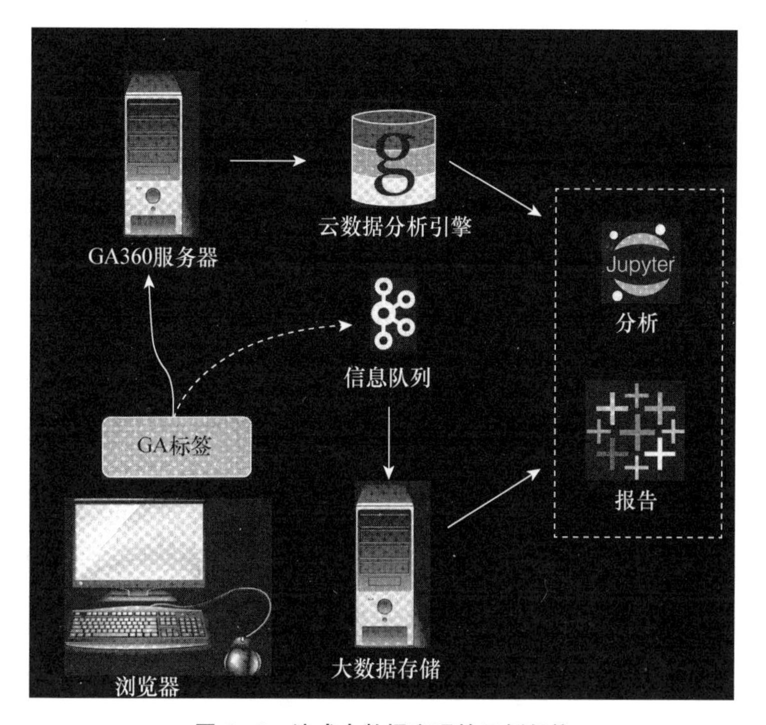

图 6－2　流式大数据实现的示例架构

资料来源：icons from BigQuery，Apache Kafka，Jupyter notebooks and Tableau.

客户服务

记录和分析与销售代理和客户服务的所有互动，包括电话、在线聊天、电子邮件甚至商店中的客户的视频。大部分数据分片回顾是容易的，但没有先进的工具难以分析。当你存储这些交互内容时，你的客户服务代理应该用额外的信息来充实它们，比如客户身份信息和相应的时间，并把它们贴上类别标签，如“订单查询”、“新的采购订单”、“取消”或“投诉”。然后，可以将整个数据文件保存在大数据存储系统（例如 MongoDB 或 HDFS）中。我们将在本章后面介绍使用该数据的方法。

身体运动

你可以选择几种技术来监控客户是如何在店里移动的。入口处除了传统的摄像机和断束激光器（break-beam lasers），还有一些技术可以追踪基于细胞、蓝牙或无线网交互的智能手机的移动。像 ShopperTrak 和 WalkBase 这样专业的公司就在这些领域中工作。这样的监控将帮助你了解客户的浏览模式，如客户会考虑哪些种类、在购买决定之前会花费多少时间。它将在你需要时指导你和在需要的地点安排人员。即使客户是匿名的，这也很有价值。

当客户付款时，可能有一张与该客户相关的卡，通过它你不仅可以知道该客户正在购买的东西，还可以知道该客户浏览了商店的哪些区域。你可以在未来的市场推广中使用这些信息，或者如果你意识到当前的布局阻碍了交叉销售的机会，你可以使用它重新设计你的商店布局。

这点是有一些例子的。一般来说，开始收集和存储尽可能多的信息，应确保考虑到商业价值，尊重客户隐私，在你收集、存储和使用这些数据时应遵守当地法律。注意不要越过“有用”和“异常”之间的界限。将保证你的客户的最佳利益铭记于心，并设想你使用的任何技术都将成为公共的知识。

请牢记

尽力为客户的每一个隐私提供有用的服务。例如，如果你的智能手机应用程序跟踪一个客户的实际位置，应确保客户从这个应用程序得到宝贵的基于位置的服务。同时，要为登录到你的网站的访问者提供一个更好的个性化的体验。这样，你的利益将与你的客户的利益保持一致。

关联客户数据

将客户数据与你的交互点连接，以给出客户情况的整体描述。如果客户在查看取消政策网页后在线呼叫你的呼叫中心，你应该能够连接系统中的这两个活动。为此，输入特殊的客户字段（例如电话号码或用户名）以及通话记录。

如果你正在监控穿过商店的客户，请将该客户的路径与随后的注册销售信息（隐私问题）联系起来。你需要通过记录销售点的时间戳和位置以及客户的路径数据来完成此操作，整合数据以给出完整的描述。

有时，你将使用匿名客户的数据，比如在分析交通流量时。其他时候你将使用实名客户的数据，例如在分析重复访问的问题时。对于实名客户应用程序，你需要减少重复的客户。这很困难，而且获得成功的概率是有限的。最好的情况是客户在使用你的服务时总是提供一个唯一的客户身份认证（ID）。在线设置中，这需要唯一的登录（如同 Facebook）。离线，通常需要身份证明。在大多数情况下，你要尽最大努力将客户互动关联到一起。

在确定客户时，你通常会遇到以下问题。

● 问题：客户没有表明自己的身份（例如：没有登录）。

● 可能的解决方案：使用网际追踪器和网际协议（IP）地址来关联来自同一访问者的访问，产生跨多个会话的匿名客户情况的整体描述。使用付款信息将购买链接推送给客户。智能手机可以为允许额外链接的已安装的应用程序提供信息。与你的应用程序开发者讨论这个问题。

● 问题：客户创建多个登录账户。

● 可能的解决方案：通过查找共同的关键字段，如姓名、电子邮件、家庭住址、出生日期或网际协议（IP）的地址来清理你的客户数据库。图形数据库（如 Neo4J）可以帮助删除重复的客户，如图 6－3 所示。与公司合作来创建客户合并和客户使用特殊数据库字段（例如“配偶”）进行关联的逻辑。更改你的账户创建过程，以检测并避免创建重复账户，如通过标记现有账户的电子邮件地址的方式。

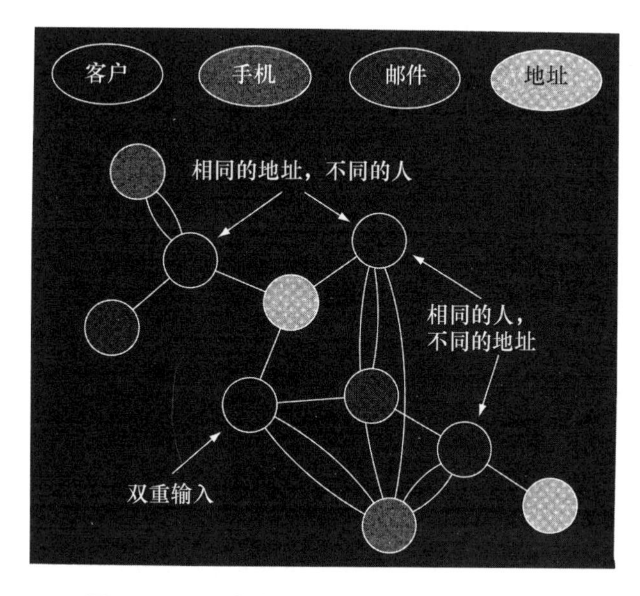

图 6－3　图形数据库可以帮助删除重复的客户

使用数据

即使你使用的标准网络分析工具提供的数据是汇总和匿名的格式，你的大部分客户数据也将是有用的。你会看到在一天中的任何时间有多少客户到来以及有用的信息，例如客户在网站上花费的平均时间、浏览的页面数量、在每个页面或每次营销活动中进入的人数等。你还可以查看客户群的总体交易情况，例如地理位置和采集源。这将为你提供产品使用方式和时间的总体描述，尤其是在与市场营销活动、假期、服务停工期和新举措相匹配的情况下。

客户的情况

当你使用数据了解客户的目标、偏好和习惯时，大数据的洞察力变得更加有用。你应该已经根据静态特点（如家庭住址、性别、语言、年龄和可能的收入水平）将你的客户细分为一些客户组（personas）[2]。请注意，启用 Google Analytics 功能，可以提供有用的人口统计信息（来自其 DoubleClick 追踪器）。

扩大你的细分标准以包含以下客户情况的数据。

- 他们最常用的过滤器是什么？价格由高到低吗？还是价格由低到高？最高评分项目是什么？最新产品是什么？客户根据价格由低到高进行挑选可能是出于价格意识。那些根据价格由高到低或最高的评级挑选的客户可能出于质量意识。那些首先挑选最新产品的可能是出于质量意识，也可能是技术爱好者或早期采用者。按评级排序可能是晚期采用者或出于质量意识。所有这些都会影响你与他们的互动。如果客户意识到质量，但没有意识到价格，你应该在搜索结果和推销邮件中向他们展示高质量的产品，而不应该向他们展示廉价低级的清仓销售的产品。你要用正好相反的方式与拥有价格意识的客户群体交流。
- 购买前他们通常会考虑多少事项？这些信息将帮助你决定何时介入他们的购物流程，例如在客户即将离开而不购买时提供折扣。
- 他们最常访问哪些类别？这将帮助你根据含糊不清的搜索短

语的相关结果（例如“美洲虎”是指汽车、动物还是巴拿马城）对客户进行细分并获得最大回报。你还将使用这些信息来指引你向客户销售哪些商品。

- 他们是否更改运费选项以节省费用？这是拥有价格意识的客户的预兆。

- 他们是否阅读顾客评论？他们是否写评论？如果他们总是阅读评论，请不要在营销邮件、搜索结果或交叉销售框架中显示评论不当的内容。如果他们经常写评论，或者如果他们拥有非常多追随者的社交媒体账户，请确保他们获得“金手套”的客户服务。

- 他们反映什么类型的营销最好？他们是否阅读新闻稿？他们是否对快闪销售做出反应？不要多次给他们发送从未回复的推销邮件。给他们最相关的媒体报道，他们回应的概率将会提高而不是点击“取消订阅”。

客户细分（虚拟客户群）

使用你收集的数据，确定将客户划分为多个群体（虚拟客户群）的最重要的因素。例如，“年龄在 20～30 岁之间的价格敏感的男性”或者是“做出快速购买决策的高消费技术爱好者”，又或者是“每天浏览特定类别产品但只购买折扣产品的顾客”。你可以以定性的方式，使用数据指引的直觉构建这些细分体系，也可以以定量方式，使用分析工具如聚类（clustering）[3] 和主成分分析（principal component analysis）[4] 构建细分体系。这两种方式都是有效的方式，如果你有许多可以用多种方式分割的数据，定量方式可能会更有效。

存货清单

这些有关客户情况的数据可用于深入分析你的存货是如何影响客户经历的。当你考虑删除低销售额的产品时，客户情况数据可能会显示出客户在你的网站上搜索那些非盈利产品，这些产品会产生高收益。在你决定删除那些曾经吸引了你的客户的产品之前，你会想更多地了解客户的情况，他们在寻找什么，为什么他们做出了这样的决定。

另外，你可能正在销售一种正如你的客户情况数据所证实的、经常出现在在线搜索结果中但对你的客户没有益处的产品。在这种情况下，你要么改变产品搜索结果的显示，要么完全删除该产品，因为它正在占用有价值的搜索条目的位置。

批判性干预

将基础分析和先进的机器学习应用到你的客户数据中，你可能会找到减少客户流失率和增加销售的方法。对你的客户在哪里和何时活动的基本分析将帮助你安排轮班和确定技术支持人员的技能。这也将表明客户接下来可能会做什么（上周两次访问你家电器商店的客户可能正在准备重大购买活动）。

多一点分析，你将会检测到微妙但重要的信号。一家欧洲的电信公司最近分析了取消订购的客户的数据，发现大量的客户在取消订单之前采用了相同的三到四个步骤，例如在线审查他们的订单，然后打电话给客服，接着就订单争论，继而取消订单。通过将这些事件联系起来，电信公司发现阻碍客户流失的信号，可以及时采取行动。

在更高级的层面上，机器学习技术可以检测待定账户的取消或者基于文本、音频或视频分析的销售可能性。这样一个系统可能是你的时间和资源的重要投资，你可能有商业案例来证实它，或者你可能找到一个已经开发出适合你应用的技术的供应商，如以下案例研究所示。

案例研究：来自店内视频反映的实际客户

《经济学人》杂志最近报道了两个这样的应用。在一项初步研究中，位于伦敦的情绪检测公司 Realeyes 发现，微笑着进入商店的顾客比其他人在商店中多花1/3的时间。在另一个试点项目中，一家欧洲连锁书店开始使用 Angus. ai 的软件来监控客户何时走到通道的尽头并皱着眉回来。然后该软件会分别通知销售员来帮忙。结果是销售额增长了10%。（参考《经济学人》2017年6月8日《零售商如何观测顾客的情绪》。）

像往常一样，请咨询隐私官以遵守法律，与客户的最佳利益保持一致，不要做会对大众产生负面影响的事情。

你的竞争者

获得竞争对手的信息尤其具有挑战性。Nielsen，comScore 和 SimilarWeb 等信息经纪公司向你的竞争对手的网站和应用程序销售它们对流量的估算，可能还包括推荐人信息。trends. google. com 网站提供了指定条款搜索次数的图示，这显示了在品牌搜索方面你与你的竞争对手的比较结果（见图 6-4）。

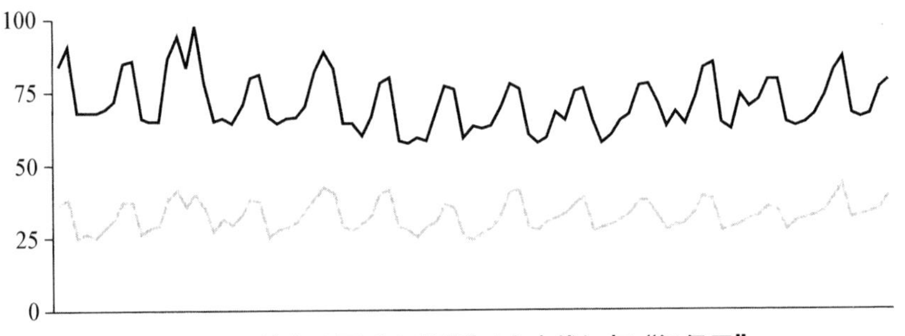

图 6-4　搜索巴西“麦当劳”（上方线）与“汉堡王”（下方线），Q2，2017（谷歌趋势）

通过抓取网站信息，你将能够获得关于竞争对手库存、服务和实体位置的信息。你的技术团队可以提供帮助（你可以使用诸如 Selenium 之类的工具）。如果你正在价格上进行竞争，你会希望根据竞争对手与客户的接近度来调整定价。对于实体位置，这将基于地址和运输路线。对于在线销售，这将在一定程度上受到推荐人向你的网站发送访问者的影响。来自价格比较网站的顾客应该被视为对价格敏感，并且有很大的风险从竞争对手那里购买产品或服务。

努力增加你的利润份额，即增加客户在你的公司而不是竞争对手的公司的花费。首先使用你收集的详细客户数据，并查看相同客户群通常购买哪些类别和哪些特定产品。你会发现哪些客户已经进行了交叉购买，哪些顾客正在浏览并未购买，哪些顾客只对一个种类感兴趣。

确定你的客户在其他地方购买的产品，以了解你丢失利润的份额。如果你卖杂货，你的顾客只买水果和蔬菜，你就会知道他们在其他地方买牛奶和鸡蛋。如果你卖电子产品而他们只买智能手机，你就会知道他们在其他地方购买电脑。这将有助于确定你在哪些领域需要更加努力地提高竞争力。通过你创建的客户群体，你会看到你的竞争对手正在吸引更多注重质量的客户、有营销反应的客户、高端消费者等。

监控在线求职公告板，以便了解竞争对手的主动性。工作职位发布的显著增加将表明该地区的活动。创建竞争对手员工在商务社交网站 LinkedIn 上个人资料的观察列表，并监视他们在配置文件更新中的异常情况。如果出现不同于往常的大量员工正在更新他们的 LinkedIn 个人资料，这可能预示着公司内部混乱或待定的裁员。同样，从公司公开声明中也可以发现不寻常的活动。这项技术已被有效地用于新股发行（IPO）的信号。

外部的因素

你的策略将受到政府监管与当地天气等因素的影响。如果你正在旅游，旅游行业、地区节假日将影响长途预订，并且天气将导致突然的预订行为。商品价格将影响生产和运输成本，汇率或政治动荡将影响跨境活动。

许多外部因素的影响都来自传统（小）数据，但新的（大）数据源将提供额外的有价值的信号。关注在线客户活动的变化，这可能意味着你需要关注未预料到的因素。为了说明，请考虑 Google Maps 和 Waze 能够仅通过研究驾驶员动作来检测建筑或道路封闭情况。

举另一个例子，你可能没有意识到创新产品的发布，直到你在网站搜索中看到它或检测到它对你的其他产品销售的影响。如果你在宾夕法尼亚州的斯克兰顿经营一家连锁酒店并拥有一处房产，那么你可能不知道在 2 月份的第 2 周有一个有关隐晦话题的大型会议正在策划中。如果你正在对 2 月份的预订比率进行预测，那么甚至在你知晓 2 月份会议之前，你会发现 10 月份预订网站和呼叫中心的客户活动会达到预料之外的高峰。在几周后将价格过低的 2 月份房间售完之前，你可以在 10 月份就采取行动去提高房价。

为此，你应该构建关键指标的定期预测，包括访问次数和销售预测。你将通过咨询历史数据、预测增长率以及与你的业务部门沟通来考虑任何超出往常范围的事情（假日周期、重大事件、监管或经济变化等）。这些预测应该细分到可以指导操作（例如产品和地区）的水平，最好应该每日进行。如果你每天或每周自动监控这些数据，则可以在高于或低于预期水平时发出警报，表明某种外部因素以意想不到的方式影响你的业务。

你的产品

在评估策略时，你需要真正了解自己的服务和产品。你可能不会像你想象的那样理解它们，而且你的客户可能会以与你期望完全不同的方式来看待它们。什么是有效的，什么是无效的？客户如何回应你的产品？你会由于哪些方面的低效率而损失资金？

如果网络服务是你业务的重要组成部分，那么请努力使其变得更好。创建并且跟踪微转换，以便在购买之前了解你的项目的效果。除了渠道分析之外，这些将提供有价值的信息。

跟踪使用你的其他数字产品的客户。

- 你的社交媒体得到认同的比率是多少？（你的推特被点赞或转发了多少次？你的 Facebook 帖子有多少评论？）
- 多少人下载了你的资料？
- 多少人申请了你的实事通讯推送？

通过 A/B 测试来测试你的产品的变化，你将以以下方式进行。

（1）提出一个你认为的可以改善你的服务的小改变。更改一帧、一个短语，或一个横幅。与开发团队合作，确保这是一个简单的改变。

（2）决定你最想增加的关键绩效指标（KPI）：收入、购买、促销、网站停留时间等。监控其他关键绩效指标的影响。

（3）同时运行原始版本和更改后的版本（A 和 B）。对于网站，请使用 Optimizely 等 A/B 测试工具。使用该工具查看结果，或将测试版本身份认证（ID）放入网络标记中，并分析每个版本的具体情况，例如比较转换路径的长度。

（4）使用双样本假设检验检查结果在统计学上是否具有显著性。让分析师做这个检验或使用一个在线计算器来做，如 https://abtestguide.com/calc/。

（5）使用大数据系统进行深入的分析：

a. 客户情况是否发生重大变化，例如查看的分类数量或选择的过滤器数量？

b. 是否有关键产品或细分的客户群体应该以不同的方式管理？

c. 具体的外部事件会影响结果吗？

d. 关键绩效指标（KPI）是否朝不同的方向移动？

将你对产品的假设与这些新见解保持一致。例如：

- 你是否试图以价格取胜，但你的大部分收入来自对质量要求更高的客户？
- 你是否没有时间来关注顾客评论，但大多数顾客正在挑选并阅读这些评论？

如果你对产品的假设与你了解的客户偏好和习惯的情况不一致，那么可能是时候找到一个战略的重心。

使用现代数据和数据科学（分析）来获得确定和完善战略的信息。选择你应该专注于（大）数据和数据科学的领域，然后确定必要的工具、团队和过程。

在下一章，将讨论如何选择和优先考虑你的数据工作。

小贴士

- 大数据源将通过对客户、竞争对手、商业环境和产品全新的洞察结果来为你的策略提供信息。
- 非传统数据有许多新的来源。查看可用的内容和最有用的内容清单。
- 在不同的接触点上连接客户操作通常很困难。
- 你的网站和其他数字门户网站可以提供有关客户意向、偏好和习惯的详细信息，并且在你需要进行战术更改或确定战略重心时发出信号。
- 结合大数据系统进行 A/B 测试将使你收集更深入的信息。

问题

- 列出你的顾客接触点。对于每一个接触点，请注意是否数字化并存储零、部分或全部可用数据。根据（a）数据值与（b）存储和分析来自该接触点的附加数据的难度，以 1～10 分评价每个接触点，并将这两个分值相乘。具有最大结果的接触点是你的客户数据的最好的新来源。

- 你需要关联哪些数据源才能全面了解你的客户互动情况？有什么阻止你关联这些数据吗？
- 你的客户在偏好和行为方面有何不同？哪些方式可能会影响你与客户的关系以及你提供给他们的产品和体验？
- 在测试不同可能性的结果之后，最成功的产品改变是什么？
- 哪些外部数据与你的组织相关：经济数据、天气、假期时间表等？
- 哪些数据源能让你更深入地了解你的竞争对手？想想私人和公共信息提供商以及互联网公司（如 Google 和 LinkedIn）提供的图表和信号。

注释

[1] 个人特有的信息，例如护照号码。构成 PII 的定义各不相同。

[2] 具有特定属性、目标和/或行为的虚拟客户群。

[3] 一种分析技术，其中数据被分为组（群），以试图将相似的项目分组在一起。

[4] 一种常用于减少模型中变量数目的数学方法。

第7章

形成大数据和数据科学的战略

让我们试图了解新一代科技公司如何做它们正在做的事情，对企业和经济产生的更广泛的影响是什么……

——马克·安德森

对于我来说，与企业领导者一起探索方法，在这些方法中数据和分析能够解决他们的挑战并开辟新的可能性，这些是很令人激动的。根据我的经验，有许多不同的途径可以使公司在使用数据和分析数据方面迈出重大的一步。

那些较少使用数据运营的公司可能会因为危机而陷入僵局或者矛盾日益激化，因为：

- 滞后或不准确的报告；
- 浪费的营销支出；
- 时间浪费在不佳的销路上；

- 浪费的库存；
- 数据被忽略或数据解决方案以目光短浅的方式构建时可能导致的一系列操作障碍中的任何一种。

它们最终被迫在这些方面实行损耗控制，寻求改善基础层面的运营，并为未来发展奠定基础。

那些以数据驱动的思维模式运营的公司可能正在探索创新的方式，以提高数据和分析的使用率。它们正在寻找新的数据来源和技术以增强竞争优势，或正在探索通过应用并行计算、人工智能和机器学习来快速扩大和优化已有优势。

无论哪种描述最适合你的公司，在重新评估数据和分析的使用情况时，你需要采取的第一步就是组建一个强大的项目团队。

项目团队

你的数据项目团队应包括四个关键专业领域的人员：

（1）战略

（2）业务

（3）分析

（4）技术

战略专长

你需要拥有对公司战略有深入了解的人员。战略愿景，包括数据战略，将成为公司内部所有计划和讨论的基础。这一战略愿景将由股东确立，由董事会完善，并由组织内的文化塑造。它将指示你使用数据的目的和原则。如果你的新数据战略与公司的整体战略不一致，那么你的后续工作将不会支持你组织内部的并行举措，并会由于缺乏内部支持而失败。

制定企业战略有很多优秀的框架，我并不想探讨这些战略，而是想强调同步数据和企业战略的重要性。我将用 Tracey 和 Wiersema 的框架来说明，其中公司的战略重点可能是在以下因素之一发展优势，如客户亲密度、产品领导力或卓越运营。在这个战略框架内，如果你的公司选择通过愉快的购物和卓越的客户服务（例如，客户亲密度）来区分自己，你将选择一种改善客户体验的数据战略（例如智能个性化引擎），而不是专注于减少运营成本。

业务专长

根据最近的一项全球性研究，业务团队比信息技术团队更频繁地采用大数据。大数据是一项团队运动，如果没有巨大的投入和来自非技术同事的支持，你的努力可能会失败。如果他们不相信数据计划的好处，那么你可能做错了事情。

获取对客户、产品和市场有最深入了解的同事的想法。让他们在分析计划的开始阶段就参与进来，参与每个开发阶段。

在初始阶段，你会看到业务利益相关者的诸多优势。

- 他们会了解市场的细微差别，包括人口统计特征、产品细分和季节性/假期的影响。

- 他们知道对于客户来说最重要的是什么，以及客户认为你的产品有哪些不同。多年来他们与各种客户进行交流，培养起来的洞察力对于分析计划来讲是无价的。

- 他们会记得你的公司和类似公司曾尝试过的举措。他们会记得你们做了什么或哪些做得不好。他们会告诉你为什么出现问题，并建议下一次会如何变好。

- 他们将深入了解你所在行业的其他公司，他们可能在那里工作过，并且熟悉它们的优势、劣势和关键差异因素。

- 他们会告诉你“明显”的细节，可以轻松节省你数月的努力。

结合商业直觉是一个复杂的平衡游戏，我已经了解它具有两面性。我曾看到分析师孤立地提出了完全忽略业务关键方面的模型，而且我曾看到业务主管做出强有力的声明，但后来证明这些声明中的数据是完全错误的。

直觉有时是正确的，有时是不正确的，重要的是认真对待业务中的任何不可估量的投入，随后寻找数据来验证直觉。

用下列方式让业务专家参与进来。

（1）介绍企业运作的基础，包括客户群、产品和竞争对手。他们应该解释每个市场参与者的竞争优势，公司和市场份额随着时间的推移如何变化，以及客户自身在此期间发生了怎样的变化。

（2）在客户偏好、营销渠道有效性、细分客户的价格敏感度、购买节奏、潜在产品改进等方面解释他们对业务的见解。他们可能会将他们的见解视为事实或作为预测。无论哪种方式，都不能全信，要用它们作为出发点，直到你观察到了支持的数据。这些见解将成为你最初的分析项目清单的基础，既可以作为有待验证的假设，也可以作为进一步分析的机会，以最终实现产品改进。

(3) 在数据收集和建模过程中提供持续的反馈。业务专家通常会对数据的可靠性以及应忽视哪些数据有一些最佳见解。这些见解对分析师来说至关重要。另外，业务专家可以直观地看到哪些数据与特定分析最相关。

让你的企业利益相关者检验你的分析模型。他们通常可以通过标记似乎与正常预期相反的地方来快速捕捉建模过程中的错误。

为了举例说明，考虑一下最近在华盛顿大学的研究。研究人员采用标准数据集创建了一个分类模型，其准确率为 57%（相当低）。然后建模专家去除虚假（误导）数据将准确度提高到 70%。研究人员向非技术模型评审人员提供了相同的数据集，并要求他们从数据中删除虚假数据。在三次这样的迭代之后，非技术审查人员在确定最相关的数据方面击败了技术建模者，将最终模型的准确性从 57% 提高到超过 75%，由此证明了拥有非技术业务专家审查分析模型的价值。

(4) 为你提供更广泛的产品历史背景以及你现在所处的位置的原因。这给了你背景，帮助你避免重复代价高昂的错误。还可以帮助你了解形成你的公司历史的不断学习和思维的过程。你可以重新采用以前被放弃，但可能由于技术进步、市场活动或客户基础而变得更有吸引力的选择方案。

随着时间的推移，重新选择是很重要的。技术不仅发展迅速，而且人们在使用技术方面也在发生变化。举一个例子，在过去的15年中，消费者越来越愿意深入了解信用卡，并对某些形式的营销方式逐渐失去兴趣。

你的公司可能根据不再相关的客户信息开发了整个产品战略。通过了解决定你所处位置的历史背景，你的项目团队能够更好地考虑哪些问题需要新的答案，以及通过数据和分析应用可以做出哪些改进。

分析专长

在启动分析计划时，要有在开发和部署分析模型方面具有强大背景的人员参与。这听起来很简单，但据我所知许多大公司却为做到这一点而挣扎着。你需要一位了解数据和分析并且可以估算出实现可能性所需条件的专家。此人应具有强大的技术背景，在相应的行业环境中具有多年的分析经验，并对从数据和分析中挖掘商业价值的模型、工具和应用程序有广泛的了解。当然，你也可以用学术经验来替代行业经验，虽然这有些冒险。

你的公司需要从大范围的分析手段和模型中精选出高潜力的可靠分析应用软件。除了时下盛行的人工智能和深度学习之外，诸如统计学、代数图论、模拟方法、约束优化和数据挖掘等许多传统领域的方法，数十年来也证明了其自身价值。每种算法都是优缺点并存，你必须善于选择适合你的数据及应用的合适算法。在解决商业问题时只考虑这些算法中的一个小子集，会降低成功的可能性，甚至让你的努力付诸东流。

你需要弄清楚什么样的技术在你的问题变大时依旧可以工作如常。每种算法的特性都将随尺度的变化而改变，你的分析专家必须清楚，一种在处理小型数据库时卓有成效的方法是否可用于处理大型数据。总而言之，让一支项目团队对分析模型有全面的认识至关重要。

请牢记

你需要对编程语言与分析工具有全面的了解，不仅要熟练掌握近期热门的技术手段，对传统的方法也要有深入的了解。

你所考虑使用的工具包括从基础到高级的功能。许多编程语言可用于从零开始构造解决方案，包括 Java，C++，Python，SAS，R，S-plus 以及其他许多语言。它们中有些是免费的，有些是收费的。每种编程语言均有其优点和缺点，我们主要考虑的因素有：

- 执行速度。
- 易于开发（包括从相关库获取资源的能力）。
- 易于与相关技术结合（第三方组织或公司内部的其他技术）。
- 用户/支持者基数（包括公司内部）。

你还应该熟悉发展的大体方案（为了优化发展与优化基础代码），以及如何在更大的软件包内配置自定义代码，例如 R 或者

Python 代码在 SAS 应用软件中的情况。

总体而言，你需要制作经典的“构建 vs. 购买”决策的细致版本，决定如何混合和匹配具有不同复杂性和互操作性的分析工具。其中一些工具是开源的，一些是专有的。对于某些由专业供应商进行高度优化的已建立的分析模型，如线性编程，投资于非自助解决方案具有很大的优势。对于在你的业务中具有有限但重要应用的专业人工智能方法，请考虑来自供应商（如 Google 或 Salesforce（Einstein））的按使用付费模式，而不是自行开发。

分析专家应对组织中的数据和分析的应用有广泛的了解（参见第 4 章“大数据分析的应用案例”）。

在考虑如何将数据科学应用于你的组织时，请考虑：

（1）业务部门已经熟悉哪些分析应用？Web 开发人员熟悉 A/B 测试，财务专业人员熟悉统计预测，营销专业人员熟悉渠道分析和报价优化。

（2）是否还有公司尚未考虑的其他最佳实践分析应用程序？

（3）最近有哪些技术发展可以提高已经实施的分析应用程序的性能，比如纳入新的大数据技术、算法或数据源？

（4）是否有其他行业最近采用的创新方法可能为你的行业带来新的竞争优势？

对于上述各点，分析专家应该能够估计原型和制造所需的数据、技术和人员需求。

作为这一过程的一部分，分析专家应该形成公司现有和潜在数据资产的整体图景，包括标准化运营、客户和财务数据，收集的原始数据，可以购买或收集的第三方数据，甚至可能是系统中的暗数据[1]。

技术专长

项目团队需要技术专长来确保运营成功。这将需要对数据收集和传输技术、通用基础设施和企业数据库有所了解的人员。数据是分析计划的重要组成部分，因此你的技术专家应该了解组织内各种数据存储的范围和准确性。

你的公司可能还有一个或多个运营数据存储、数据集市和/或数据仓库，它们将为分析项目提供数据。此外，分析师需要在这些数据库中的一个或多个数据库，甚至可能需要其他类型的数据库，如图表或文档数据库中创建表格（有时是大型表格）（在第 8 章中将进一步讨论）。

技术专家将提供与你的计算基础设施相关的方向和帮助，无论是关于内部服务器容量还是在云中供应的可能性。

建立可长期保持的解决方案非常重要，这将有助于最大限度地提高分析项目带来长期价值的机会。你的技术专家将帮助确保这些项目可与现有技术融合。

针对以下问题请询问技术专家的意见：

- 开发语言、框架和操作系统的可接受的选择。
- 版本控制和文档的要求。

- 测试（QA）和生产部署的要求和资源。

你的分析工作取决于信息技术支持。许多项目因为没有得到信息技术的支持而失败。从一开始就引入信息技术有四个目的。

（1）它告知分析专家可用的技术环境。

（2）它通过显示应该使用哪些标准和技术来确保组织长期成功。

（3）它可使信息技术贡献有价值的想法和见解。

（4）它有助于从一开始就从信息技术中获得支持。

经过多年在凌晨三点被唤醒或假期打电话来解决产品代码错误的问题，许多信息技术人员对分析计划极为敏感，即使是破坏现有代码的轻微的风险也是如此。他们可能反感项目规划中的任何模糊或不确定性，希望在项目开始时对每个项目的步骤进行布局。正如我们稍后会看到的，分析项目通常不能很好地适应广泛的预先计划，因此在这方面可能会发生一些紧急情况。

其他信息技术人员可能非常渴望尝试新技术和新的分析方法。这些人通常是年轻人，很少有凌晨三点被叫醒的经历，但有时也是高级职员。通常信息技术开发人员对分析项目非常热衷，这些人通常会成为你分析计划的最强大、最有价值的支持者。

请牢记

你的信息技术专家可能有两个目标：稳定性和/或创新性。许多专家衡量信息技术在可靠性方面的成功程度。其他专家衡量信息技术在创意和创新方面的成功，即使新功能并不完美。

启动会议

一旦选择了项目团队，你就应计划一个项目启动会议，为分析计划奠定战略基础，勾画商业应用框架，集思广益，并安排后续步骤（这些步骤本身是初步的界定）。业务专家会负责战略投入部分，并且可能在项目界定之前推迟讨论技术投入（但并不理想），但项目团队中有四种技能专长的专家应尽可能全部存在。

在这个阶段有帮助的是详细的财务报表。这些数据有助于将讨论重点放在对你的财务影响最大的方面。带上你的标准报告和商业智能仪表盘（dashboards），尤其是那些包含关键绩效指标的报告和商业智能仪表盘。

战略投入

从审查你的努力的目的和标准开始启动会议。继续审查公司的战略目标，区分长期和短期战略目标。由于一些分析项目需要花费大量时间进行开发和部署，明确战略目标的时间线就变得至关重要。如果该流程中没有涉及执行或战略利益相关方，则在场的团队成员应该可以访问详细说明公司战略的文档。如果没有这样的战略文件（可悲的是，有时候确实会出现这种情况），继续围绕用较低的初始投资、较低的内部抵抗可能性实现相对较高的投资回报率的战略（付出较少努力就能实现目标的战略）来进行头脑风暴。

业务投入

在审查了标准和战略之后，应查看组织内使用的关键绩效指标。除了标准的财务关键绩效指标之外，公司可以追踪任何指标。营销部门将追踪点击率、顾客终身价值、转换率、访问量等。人力资源部门可以追踪损耗率、接受率、缺勤率、任期等。财务部门通常会追踪与流量（访问、访问者、搜索）相关的财务主要指标以及第三方数据。

在此阶段，应更深入地探讨为什么某些关键绩效指标很重要，并强调与你的战略和财务目标紧密结合的关键绩效指标，确定你应该最关注哪些关键绩效指标的改善。

业务专家应描述组织内已知的痛点。这些可能来自任何部门内部，可能具有战略性（例如对竞争或客户细分的有限了解）、战术性（如设定最佳产品价格的难度，整合最近购买的数据或分配营销支出），或可操作性（例如欺诈率高或交货时间延迟）。

让业务专家来描述他们三年之内想要达到的目标。他们可以用数据和分析来描述这一点，或者他们可以简单地用设想的产品和业务结果来描述这一点。这一愿景的一部分应该是，他们应将竞争对手的特征和能力纳入其描述中。

分析投入

到目前为止，业务目标、标准和战略目标应该完全布局（并且已理想化地以统一的观点编写，以供讨论)。此时，分析专家应该浏览列表并确定哪些业务目标可以与标准分析工具或模型匹配，这些标准分析工具或模型可能带来的在缓解痛点、提高关键绩效指标值或提供创新性方面的商业价值。跨行业了解其他行业的公司如何从类似分析项目中获益是有益的。

为了说明这个过程，可以提出统计模型来解决预测不准确问题，可以提出基于图的推荐引擎来提高转换率或缩短购买路径，可以提出用于大型广告活动之后的情绪分析的自然语言处理工具（提供准实时的社交媒体分析)，或者与统计或机器学习工具相结合的、可以用于与预防欺诈和减少购物车遗弃等相关的实时客户分析的流式分析框架。

技术投入

如果信息技术在启动会议中有所涉及，技术专家将在整个讨论过程中做出贡献，即突出强调技术限制和机会。他们应该参与分析阶段，提供初始数据输入并负责最终部署分析解决方案。如果技术专家在最初的项目启动期间不在场，你需要再次召开一次会议来验证可行性并获得他们的支持。

启动输出

程序启动的第一个输出应该是我称之为影响区域分析（Impact Areas for Analytics）的文档，见图 7-1。图 7-1 中表格的第一列是用每个人都能理解的术语编写的业务目标。下一列是相应的分析项目。接下来的三列包含执行项目所需的数据、技术和人员配备。如果可能，将表格划分为与公司最相关的战略重点领域。

	业务目标	分析项目	数据	技术	人员配备
第一个重点领域					
第二个重点领域					
第三个重点领域					

图 7-1 用于分析文档的影响领域的模板

在启动会议结束时，你应该填写模板的前两列。

在启动时创建的第二个文档是工作分析（Analytics Effort）文档。对于第一份文件中列出的每个分析项目，第二份文件将描述：

（1）需要开发工作。这应该用非常广泛的术语给出（小，中，大，XL 或 XXL，这些术语能定义任何你想定义的）。

（2）估计优先级和/或投资回报率。

（3）公司中的个人：

a. 能够授权该项目；

b. 可以提供实施所需的详细的专业知识。

这两种人对应于在某些组织中使用的 RASCI[2] 模型中的“A”和“C”的角色。

将会议记录分发给项目团队成员，征求并纳入他们的反馈意见。完成后，返回程序发起人讨论“影响领域分析”文档。与项目发起人合作，确定项目的优先顺序，参考“工作分析”文档并考虑公司的战略重点、财务状况、资本支出和人数增长空间、风险偏好以及可能在个人或部门层面运作的各种动态。

范围界定阶段

一旦项目已被讨论并且项目发起人已确定其优先顺序，你应该与相应的授权人（来自“工作分析”文档）沟通，以便在分析专家和主题专家之间设置简短的（30～60 分钟）范围界定会议。沟通和授权的具体方法与时间线因公司和文化而有所差异。

在范围界定会议期间，与最了解数据和业务挑战的个体交谈。在此阶段你的目标是详细了解企业的背景和当前的挑战以及正在使用的相关数据和系统。

然后，主题专家和分析专家讨论：

- 提议的分析解决方案。
- 什么数据可能被使用。
- 什么模型可能被建立并运行。
- 如何将结果传递给最终用户（包括频率、格式和技术）。

在每次范围界定会议之后，分析专家应更新“工作分析”文档中的相应项目条目，并在项目说明中添加建议的最低可行产品（minimum viable product，MVP)[3]。

MVP 可以证明分析项目的可行性和实用性。它最初具有有限的功能，并且通常只使用一小部分可用数据。收集和清理整个数据集可是一项重大任务，因此请将你的 MVP 专注于可随时获取且合理可靠的一系列数据，例如一个地理区域或产品的有限时间内的数据。

项目说明应简要描述 MVP 的输入、方法和输出，评估 MVP 的标准以及完成 MVP 所需的资源（通常这只是所需的员工时间，但可能需要额外的计算成本和/或第三方资源）。利用云资源可以减少对 MVP 硬件购买的需求，并且试用软件许可证应该在此阶段替代许可成本。

将此 MVP 输入到你在公司中使用的任何项目管理框架（例如 scrum 或 Kanban）。评估 MVP 的结果，以确定该分析的后续步骤。在最终部署它之前，你可能需要通过几个阶段来改进项目。这些阶段可能包括：

（1）MVP 上的几次迭代，以收敛于期望的结果；

（2）进一步的手动应用（有限范围内）；

（3）记录和可重复的应用程序；

（4）部署和管理的应用程序；

（5）部署、管理和优化的应用程序。

每个后续阶段都需要时间、资源和技术的增量预算。

请记住，分析应用程序通常是研发（R&D）的一种形式，这一点非常重要。并非所有的好主意都可以发挥作用。有时数据不足或质量差，有时数据中的噪声太多，或者我们正在检查的过程不适合标准模型。这就是从 MVP 开始、快速放弃、与业务专家保持紧密联系以及寻找能够快速获胜的项目非常重要的原因。谈到敏捷分析，我们会在下一章更多地讨论。

请牢记

并不是所有的好主意可以发挥作用。从小处着手，不断得到反馈，并专注于快速获胜的项目。

案例研究：德国在线零售商的订单预测

奥托集团（Otto）是一家拥有超过 5.4 万名员工、业务遍及 20 多个国家的德国零售集团。从 1949 年建立至今，它已成长为世界最大的在线零售商之一。奥托集团目前成功开发了几种 AI 的内部应用程序，其中之一能够很好地说明商务团队与分析团队紧密合作的益处。

从商业角度来说，奥托认识到它每年都因退货而损失数百万欧元。商务团队和分析团队合力通过两个阶段来解决这一问题。

第一个阶段是通过退货数据分析来寻找问题。分析显示相当大比例的退货产品在路上花费了两天以上的时间。不愿继续等待的顾客可能会选择在其他地方购买该产品（比如本地的打折商店），或者干脆失去购买该产品的兴趣。结果就是销量下降和无效运输成本产生。奥托本身未能储存很多的产品，导致了运输的延迟。

这个数据分析结果使进程进入了第二阶段，即分析解决方案。如果奥托能够准确地预测产品订单，它甚至可以在客户提出订单之前就准备好产品。这将使得奥托在较短的时间窗口内交付产品，从而有效降低退货量。为了这项分析，奥托使用了数十亿交易历史订单，结合了几百个潜在的影响因素（包括历史销售量、在线客户行程和天气数据）。

在此之中，分析团队有几种分析工具和分析模型可供选择。他们可以使用一个经典的基于规则的方法或统计模型，选择和提炼相关特征来完成对产品集的预测。他们还考虑将大数据导入深度学习算法。

最终，他们使用深度学习技术发明了一种分析工具，它可预测 30 天内的销售情况并具有 90%的准确度。该系统在无人为干预的情况下每月自动向第三方采购数十万件商品。由于这一分析项目，奥托的剩余库存减少 1/5，退货量每年减少 200 多万件。

在这个例子中，我们看到奥托集团如何在解决退货问题的两个关键方面使用数据和分析。第一种方法是诊断问题的根源，第二种方法则是创造一种可实际应用的工具。这是组织内分析的四个基本应用中的两个。我们将在下一章全面讨论这四个应用。

小贴士

- 通过组建一个具有战略、业务、分析和技术专业知识的项目团队，开始你的分析项目。

- 确定业务目标并与分析项目、数据、技术和人员配备相匹配。
- 确保在项目的每个环节你都能够获得足够的股东意见和资本投入。
- 从低风险和高回报率的小项目开始。

问题

- 如果你要组建一个具有战略、商业、分析和技术知识的项目团队，那么什么样的人会在这个团队中呢？理想情况下，你会在这四个领域中各拥有一名高级人才，但你可能需要更多的人手来应对许多重要子领域。
- 什么样的人能最好地洞悉你的业务（包括对客户、竞争对手和行业历史的了解）？这些人应该在某些时候直接与你的客户合作。
- 你的组织最近发生的什么事件使开展新的分析工作变得十分困难或非常必要？谁又会是这项分析工作中最大的获胜者和挑战者呢？

注释

[1] 数据的术语，由普通计算机网络生成但通常不会被分析。

[2] 一种管理项目责任的工具，分为责任人（responsible）、授权人（accountable）、支持人（support）、咨询人（consulted）和知情人（informed）。

[3] 具有最少功能的产品，可满足早期客户的需求，并为未来发展提供反馈。

第8章

实施数据科学——分析、算法和机器学习

提出一个问题往往比解决一个问题更重要……提出新的问题、新的可能性，从新的角度去看旧的问题，需要有创造性的想象力，标志着科学的真正进步。

——阿尔伯特·爱因斯坦《物理学的演化史》

(*The Evolution of Physics*)

四种分析方法

最重要的收获往往来自最基础的分析手段。分析过程可以非常复杂，也可以非常简单，其中最基础的分析方法往往是最有用的。

单单通过基础的数据收集、整合、清理，生成相应的图表，就能产生潜在的商业价值，发现关键的错误，清楚地呈现绩效矩阵、成本收益、行业趋势和机会。

高德纳咨询集团开发了一套区分不同领域分析的框架（如图 8－1 所示）。该分析优势模型将分析过程分成四类：描述性分析、诊断分析、预测分析和规范性分析。

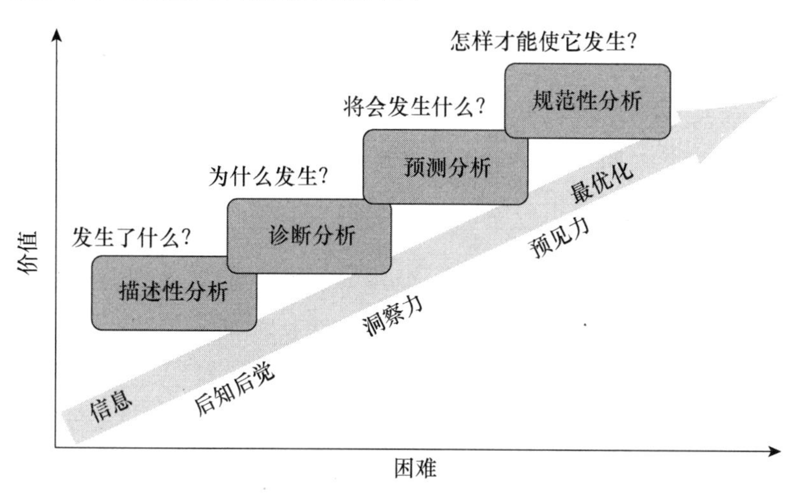

图 8－1　高德纳分析优势模型

描述性分析

在思考你的痛点、努力提高关键绩效指标（KPI）、达到你的战略目标时，许多表面上的问题会简单到“我们不了解我们的客户的行为、人口统计资料、终身价值”等，或“我们不了解我们自己的成本、库存变动、市场营销效果”等。获取这种事实问题的答案就是我们所说的描述性分析。这是收集、清理和呈现数据以获得即时见解的过程。

你将会遇到描述性分析的三种应用：

- 运营需求。你的每个部门都需要数据才能有效运作。特别是对于你的财务团队，如果没有定期、准确和可信的数字，它将不能运作。这就是为什么公司经常把它们的商业智能（BI）团队放在财务部门。

- 数据洞察。将尽可能多的数据放入决策者的手中。你可以选择将商业智能（BI）团队配置在战略决策团队之中，并在各个业务单元中配备分析师（稍后第 10 章会详细阐述）。

- 损害控制。如果你一直在不关注数据的情况下运营，一两个 KPI 指标的下降可能会让你措手不及。在这种情况下，你需要快速确定发生了什么并进行损害控制。越不注意数据变化，这种危机就越有可能与利润或收入直接相关（否则你会提前通过主要指标的变化发现问题）。你需要在描述性分析上打好基础，然后迅速转向诊断分析。

为了很好地进行描述性分析，你需要：

- 设计专门的数据库来存储分析数据。这些数据库通常称为数据仓库，你也可以使用其他相似技术。

- 构建生成定期报告和商业智能仪表盘的工具。非常小的公司使用类似 MS Excel 的工具，大多数公司应该使用专用的商业智能工具。

• 构建允许客户进行自助服务分析的系统。客户应该能够访问数据表并创建他们自己的数据透视表和数据透视图。这将大大加快组织内数据发现的过程。为了实现自助服务系统，你需要构建额外的数据接口和管理策略（见第 11 章）。

诊断分析

诊断分析是解决问题的过程，常常是临时性的，通常只需要很少的技术技巧（比如一些 SQL 和基础统计技能）就能产生很高的价值。诊断工作主要包括将潜在相关的源数据汇总在一起，并通过创建可视化图形，发现非显而易见的趋势；或通过特征工程，从现有数据中创建新数据字段（例如，使用客户销售记录计算上次购买后的时间）。

精心设计的图表在展示即时见解方面十分有用。请考虑斯蒂芬·菲尤（Stephen Few）的书《向我显示数字》（*Show Me the Numbers*）中的图（见图 8－2）。首先查看下面的简单数据表（见表 8－1），以查看是否有任何显而易见的见解或趋势。

表 8－1　按收入、教育和年龄分列的工作满意度

收入	大学学历		非大学学历	
	50 岁以下	50 岁及以上	50 岁以下	50 岁及以上
不超过 5 万美元	643	793	590	724
超过 5 万美元	735	928	863	662

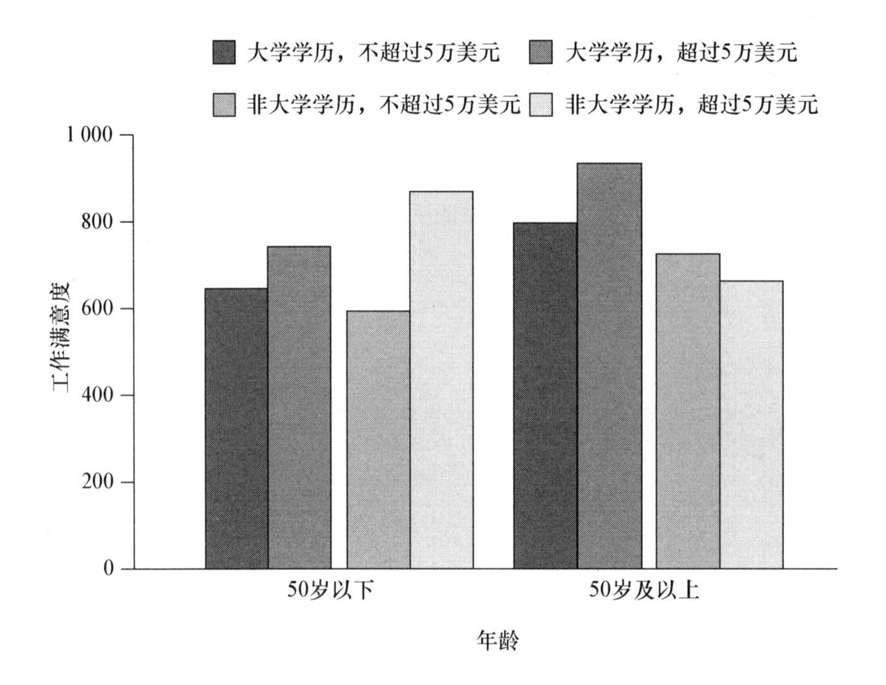

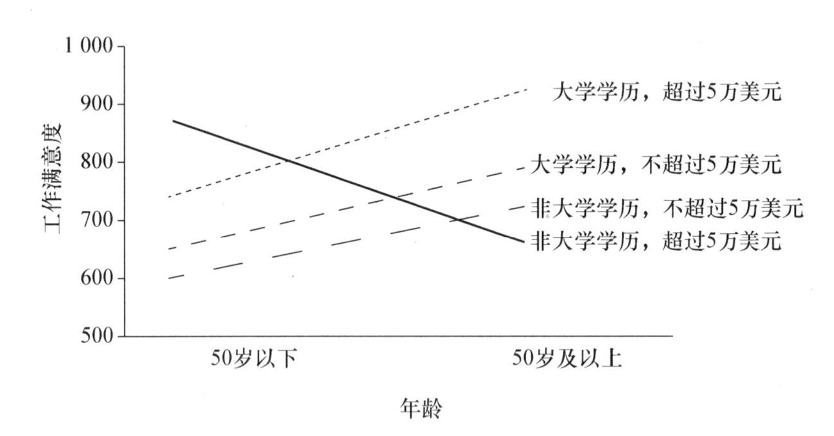

图 8-2 一个设计良好的图能够提供及时的洞察

第二张图很好地给出了视觉上的见解，表和柱形图（第一张图）很难做到这一点：随着年龄的增长，只有一组员工的满意度下降了。

数据可视化是诊断分析的强大工具，它使分析过程既像科学又像艺术。你需要创造性和可视化技能，通过精心设计的表格和图来探索和传递你的发现。正如我们将在第10章中进行更深入的讨论一样，分析团队中的人员必须具备设计图表和仪表盘的能力，从而使分析生动起来。

预测分析

预测分析有助于了解未来事情发生的可能性，例如提供收入预测或信用违约的可能性。

诊断分析和预测分析之间的界限并不是完全清晰的，我们在这里看到的技术需要更高级的分析。考虑到客户细分，组织将客户群划分为相对较小的细分市场（人物角色（personas）），从而允许他们定制营销和产品。

你的初始细分中可能使用了客户人口统计特征（年龄、性别、地点、收入等），你还应该纳入更多细化的数据，例如已知的偏好和习惯。RFM（Recency，Frequency，Monetary）是基于购买历史记录的消费者细分的传统方法，当今的市场细分还应该包括大数据，比如在线旅程，有时还包括音频和视频数据。为了进行这种高级的细分，你需要获取大量的数据，并且使用专门的统计方法和算法（例如主成分分析、支持向量机、聚类法、神经网络等）。

在预测分析中，你可以做出更多有价值的分析。在预测信用违约时，你可能会预测未来几年的事件；在预测收入、供应或需求时，你可以预测未来几周或几个月的情况；在预测产品退货或硬件故障时，你可以预测未来数天的情况；在预测放弃购物车或对实时广告的可能响应时，你能预测未来某一刻的状况。

能否准确预测供应和需求、信用违约、系统崩溃或客户响应都会对你业务的最高和最低水平产生重大影响。这些因素可以通过提供充足的库存、相关的广告、最小化的系统故障，以及更好的产品回报来显著提高客户满意度。

规范性分析

规范性分析告诉你应该做什么，比如最佳定价、产品推荐、最大限度减少客户流失（包括放弃购物车）、欺诈检测、最小化运营成本（旅行时间、人员调度、材料浪费、组件报废）、库存管理、实时最优竞价等。

你经常会连续使用这四个分析层面来实现目标。举例来说：

（1）描述性分析将发现收入严重下跌；

（2）诊断分析表明它是由关键库存短缺造成的；

（3）预测分析可以预测未来的供求关系；

（4）规范性分析可以根据供需平衡以及价格弹性优化定价。

请牢记

只需简单地整理数据并在组织中共享，就可以实现巨大的价值。本书后面部分会展示更高级的分析方法。

模型、算法和黑箱

当你开始使用更高级的分析时，你需要自己选择模型。模型是一系列用来近似描述周边事件和互动关系的公式。我们使用算法来应用模型，这些算法是指导计算机的一系列指令，就像一本菜谱。当你使用分析模型来解决业务问题（例如预测客户流失或推荐产品）时，你需要遵循下面的步骤：

（1）设计模型；

（2）用数据拟合模型（也称为“训练”或“校准”模型）；

（3）部署模型。

设计模型

你的业务问题通常可以通过多种方式建模。在网上或教材上，都可以找到传统的建模实例，也可以尝试以创造性的方式应用模型。对各种模型的描述超出了本书的范围，为了快速了解常用的分析模型，你可以参考 Rapid Miner、KNIME 或 SAS Enterprise Miner 等成熟分析工具的文档，或查看编程语言 Python 或 R 的分析库。这些不会提供所有可用的模型，但它们提供了一个非常好的开始。在 R 语言中，你更有可能找到许多学术上普遍使用的算法，如果想使用更超前的技术，Python 是个比较好的选择，更多的内容会在以后讨论。

当谈论模型时，我们有时会使用术语“模型透明度”（model transparency）来指示模型可以被直观地解释和理解的容易度，特别是对非专业人员来说。举一个透明模型的例子，基于年龄和地理计算投保风险，并使用历史保险索赔进行校准。这些是很容易理解的影响保险费用的因素。完全不透明的模型称为“黑箱模型”，因为终端用户并不能够理解其内部的运行模式。

尽可能选择简单、直观的模型。一个简单的模型（比如基本的统计模型）要比复杂模型（比如非线性支持向量机或者神经网络）更容易开发、拟合数据，向最终用户解释起来也更容易。此外，透明模型允许最终用户运用直觉给出建议进行改进。在之前华盛顿大学的一项研究中，非技术人员提出的模型改进将准确性提高了近 18%。

当结论必须向医疗保健患者、政府监管机构或客户解释（例如拒绝贷款申请）时，模型透明度显得尤其重要。

从大数据中获取黑箱模型

在日常生活中，有一些结论是我们从具体的事实中得出的，一些结论则来自直觉，它是一种不可估量、无法解释的技巧。温度计虽然能通过刻度清楚地显示一个人是否发烧，但当一个人生病时，我们仅看看他（她）就能知道这种状态。通过多年观察许多健康的人和病人，结合我们对这个人日常状态的了解，就能知道这个人现在不舒服。像神经网络这样的模型正是以非常相似的方式工作的，它往往训练了数百万个样本数据点。通过为这样的机器学习模型提供大量训练集，大数据使计算机的“直觉”变得更强大。

最近在某些应用中，这些通过大量训练数据而提高预测水平的模型都要远远优于任何高透明度的算法。这使我们越来越依赖黑箱模型。即使对于已经有合理模型的客户流失预测和领先评分等传统商业应用，数据科学家也越来越有效地应用神经网络（深度学习）等黑箱模型。

虽然像神经网络这样的机器学习方法可以通过大量的训练来识别模式，但它不能“解释”它的识别技能。当模型在分类中错误地将狗标记为鸵鸟（如第 2 章所述）时，诊断和解释将变得非常困难。

在保险、执法和医学等领域缺乏透明度是一个重大的问题。2017 年 4 月《科学》杂志上发表了一篇文章，介绍了预测心血管疾病（心脏病发作、中风等）的最新结果。目前，医生都普遍使用八个风险因素来评估患者这方面的风险，包括年龄、胆固醇水平和血压。最近，诺丁汉大学的研究人员通过 400 000 名患者的医疗记录，训练了一个神经网络来检测心血管疾病。与传统的八因素方法相比，他们的模型实现了更高的检测率（＋7.6％）和更低的错检率（－1.6％）。

这个模型每年有望挽救数百万人的生命。但是，对于这种黑箱模型，人们普遍有这样几个担心：

- 如果患者询问他们被标记为高风险的原因，黑箱模型不会提供答案。患者很难知道该如何降低风险。
- 如果保险公司使用这种更准确的方法来计算保险费，他们将无法证明保费是合理的。在这一点上，我们也开始涉及法律问题，一些国家正在引入所谓的“解释权立法”，主张客户有权对决定有所了解。

最近有许多工作正致力于加强黑箱模型的透明度。华盛顿大学最近开发了一套名为 LIME 的系统——本地化模型诊断解释器，他们说这种算法可以通过建立局部近似模型，有效地解释任何分类器和回归分析做出的预测。该工具通过拟合本地线性近似来完成工作，这种方法易于理解，并且可以应用于任何设置有得分函数的模型（包括神经网络）。

用数据拟合模型

当分析师选择了一个模型（或几个候选模型）之后，他们将根据你的数据拟合模型，其中包括：

（1）选择模型的确切结构；

（2）校准模型参数。

选择模型结构需要确定数据中的哪些特征是最重要的。你需要决定如何创建类别，以及是否应包括相关特征（比如平均购买价格，或上次购买后的时间）。你可能会从数百个潜在特征开始探索，但在最终模型中仅使用六个特征。

当使用神经网络（包括深度学习）时，你不需要进行这种变量选择或筛选特征的过程，但是你需要找到适合你的问题的网络体系结构（一些示例体系结构已在第 2 章中说明）。在校准模型参数时，你将用试错方法来选择网络的类型、节点和图层。

当优化模型参数时，你最终会找到一个适应训练集的最优模型。每个模型有一个或多个相关的算法用于调整参数以最大化目标函数，这个函数描述了模型与训练数据的吻合程度。注意通过交叉验证[1]和 拟合优度检验[2] 两种方法来避免过度拟合数据。

在建模过程中，多尝试几种可能的模型结构，然后使用每种结构专门的工具和程序来优化每个参数。评估每个结构或体系结构的有效性，最后选择看起来最好的模型。

部署模型

使用有限且清洁的数据集，在适合快速原型开发的编程语言和环境中开发模型。在证明模型的有效性之后，再引入更多数据。在证明模型的价值之前，不要花时间提高它的速度和效率，即使它已经被部署在有限的生产能力中。

许多数据科学家利用 Python 或 R 语言构建原型，随后在笔记本电脑或公司服务器上进行测试。当代码准备好投入使用时，可以使用诸如 C++或 Java 之类的语言重新编写代码，并将其部署到不同的生产系统。当你将其连接到生产数据系统时，需要额外的安全保护和管理机制。

你需要和你的 IT 部门合作，做出以下选择：

- 部署的硬件，包括内存和处理器（通常为 CPU，但对于神经网络是 GPU 或 TPU[3]）；

- 满足速度和容错率要求的架构；
- 编程语言和/或第三方工具（如SAS或SPSS）；
- 计算工作负载的调度，例如它应该集中还是局部运行，甚至可能在数据输入端运行（回顾我们在第5章中关于雾计算的讨论）。

与IT部门合作，做好记录、按计划备份、软件更新和性能监控等。

你需要与公司的隐私部门合作来确保你能够满足数据治理、安全和隐私的要求。尽管模型结果本身并不包含个人信息，但模型可能正在访问带有个人信息的数据库，这可能会使你处于危险之中。政府法规（如欧洲的《通用数据保护条例》（GDPR）[4]）可能只允许使用个人数据做出某些分析而禁止另一些分析，这取决于每个人被授予的权限。我将在第11章谈到安全性和治理时详细讨论这个问题。

人工智能和机器学习

在第2章中我介绍了人工智能的概念和最近的变化。在本节中我将从更实际的角度来讨论这个主题，将AI纳入更广泛的分析工具集中思考。深度学习是一种神经网络。因为我们现在运行的神经网络拥有越来越多的层次，所以它被称作深度学习。当我使用术语人工神经网络（ANN）时，我指的对象包括深度学习。

人们最近在AI上的工作都集中在ANN上，因为它在解决某几类问题方面做得很好，但并不意味着 ANN 就是最好的。它有在领域不可知的背景下工作的优势，但是如果你具有特定的领域知识来帮助解决问题，则可以将这些知识纳入以建立更透明、更精确的模型。另外，人工神经网络的“黑箱”意味着，除非与透明度更高的模型相比它具有明显的优势，否则应避免使用它。

人工神经网络对于大型数据集的问题特别有效，并且数据的混乱使你难以将领域内的知识应用于模型。涉及图像的问题是人工神经网络很好的适用对象；涉及大量具有数百个特征的非结构化数据，比如文本，也是很好的适用对象，因为人工神经网络不需要传统机器学习那样进行特征工程。人工神经网络可以很好地用于自然语言处理，但并不总是优于其他替代方法（如与 XGBoost 结合的信息检索）。具有少量特征和相对少量数据的问题通常不适用人工神经网络。

目前市面上已经开发了几十种网络架构，其中最重要的可能是卷积神经网络（CNN）和递归神经网络（RNN）。有些模型使用混合体系结构。CNN 对于图像和视频分析特别有用（它曾被 AlphaGo 使用）。RNN 适用于顺序数据，例如 EEG 和文本。

尽管构建 ANN 可以大大减少构建和加工数据的工作量，你仍需选择网络构架并训练模型。模型训练是一个调整模型参数的临时过程，以便根据可用数据（训练数据）优化模型的精确度，其本身必须被标记以进行训练。此训练过程可能是实现 ANN 最难的部分。

编写代码来构建 ANN 正在变得越来越容易。谷歌最近开放了其使用内部机器学习部署 ANN（也被称作其他机器学习应用）的工具库 TensorFlow。TensorFlow 是一种用于在不同目标平台自动化构建、训练和部署模型的程序库。你选择的用于部署 ANN 的平台非常重要，因为它在某些类型的处理器上运行得更快。

你可以使用其他软件工具来加速开发过程。例如，Python 库 Keras 可以在 TensorFlow 的基础上运行。

AI 模型并不是“灵丹妙药”，它仍然只是大型分析工具包的一部分。打败世界围棋冠军选手的 AlphaGo 使用的就是结合了传统围棋的蒙特卡洛模拟方法的神经网络模型。当苹果公司在 2014 年夏天向 Siri AI 公司增加了深度学习技术时，它保留了以前的一些分析模型，与之一同工作。

请牢记

深度学习等 AI 模型只是更大分析工具包的一部分。在考虑能获得的业务优势和其他解决方案之前，请不要急于在 AI 上进行大的投入。

当考虑在业务中使用哪些分析工具，以及是否应该使用 AI 或机器学习时，首先考虑一下已被证明的、对你的业务具有可靠价值的模型，同时考虑现成可用的数据、资源，以及该模型的复杂性、透明度和准确性。

你通常可以将特定的业务挑战与数据科学中常见的应用程序类型相匹配，每种类型的应用都将具有相关的一组算法以及强大的成功跟踪记录，来应对可能面临的挑战。例如，如果你正在优化人员时间表，通常会使用称为整数规划的技术；如果你正在进行金融工具定价，将尝试求解财务方程式或运行蒙特卡洛方法；如果你正在进行客户细分，可能会选择多个可行的模型（例如逻辑回归、支持向量机、决策树、神经网络等其他算法）。

与这些先进的硬件和软件相对应的，相关的人才在这些应用的实施中也是非常必要的。根据 Gartner 的研究，2017 年初有 41 000 个深度学习职位，在 2014 年几乎没有这个职位，这是很令人吃惊的。因此，通过将最近的神经网络技术整合到业务应用程序，你构建数据科学团队的能力将持续增强，这个团队可以应对日益广泛的相关分析技能。我将在第 10 章回到这个话题，谈论构建分析团队的问题。

分析软件

数据库

随着在使用的数据类型和数量方面变得更加雄心勃勃，你需要超越传统的存储和检索数据的方法。最近在非传统数据库中针对不同数据类型的创新，构成了大数据生态系统的基本组成部分。这些数据库通常称为 noSQL 数据库，即“not only SQL”的缩写，它可以使用标准查询语言（SQL）以外的方式从数据库中检索数据。这些新数据库的一个关键特征是可以即时定义结构（模式），因此称它们为“无模式数据库”，并讨论“模式在读”（schema-on-read）。它们通常被设计用于高效横向扩展，因此我们可以通过额外的而不是更昂贵的机器来增加其容量。

你需要选择对应用程序最有帮助的传统或非传统数据库。现在我简要回顾一下大数据生态系统中的一些主要类型的数据库。

为了让你对行业中每种类型数据库的体量有些感觉，我在括号中加入了截至 2017 年 7 月 db-engines. com 上各种类型数据库的比例。

关系数据库（80%）

这种数据库已成为过去 30～40 年间用于商业的标准数据库。它们位于关系数据库管理系统（RDMS）中，由单独表单组成，每个表单包含很多数据行，每行都有预先设定好的列，例如名字、姓氏、客户 ID、电话号码等。这些表格可以通过某些列相同的信息相互关联起来。例如，如果在客户详细信息表和销售表中都有客户 ID 列，那么当你交叉引用这两个表时，可以计算按客户邮政编码分组的销售额。相同的关系数据库可以被设计用来满足运营需求或用于分析和报告（作为数据仓库）。

面向文档的数据库（7%）

这些数据库被设计用于大规模存储和检索文档，通常以可灵活存储数据的 XML[5] 或 JSON[6] 格式存在。最常用的面向文档的数据库是 MongoDB，它也是开源的。面向文档的数据库可以很好地用作网关中 noSQL 解决方案，因为它们可以快速提供一般功能。

搜索引擎数据库（4%）

这种数据库用于在许多网站上为现场搜索提供支持，根据用户的搜索查询请求，使用可定制的逻辑返回海量搜索结果。由于有了这些基本的功能，它们通常是先发进入大数据领域的网站，以应对大数据对速度（velocity）和多样性（variety）的挑战（尤其是在搜索方面）。这些数据库有时也被用于一般性的数据存储和分析，尽管在这种应用上应该谨慎。目前一些最常用的搜索引擎数据库有 ElasticSearch，Solr 和 Splunk。

键-值存储（3%）

这种数据库中的条目只有键-值对。它们可以非常快速地获得许多简单的结果，对于面向客户的在线应用程序尤其有用。键-值存储解决了大数据的速度挑战。

宽列存储（3%）

与关系数据库功能类似，但宽列存储提供了灵活地添加数据字段的功能，解决了大数据的多样性挑战。例如，一个关系型数据库可能会有 20 个预先定义好的客户数据列，一个宽列存储可以为任何客户实时创建任何列类型。如果你在几年后开始了一个新项目，例如高级会员级别，你可以简单地将所需的附加列（如会员编号或总会员积分）添加到选定的客户记录中，非会员的数据行不会因此改变。

图数据库（1%）

这种数据库将数据存储在图的结构中（节点和边的网络）。它们允许你根据属性和关系查询数据。例如，你可以轻松找到所有客户的第三级邮政编码和会员身份。图数据库充分利用稀疏性和结构化的特征来实现快速查询，这些查询在传统关系数据库上需要执行多个内部连接，耗费相当长的时间。在第6章中，我们看到了一个使用图数据库去除重复客户的例子。

选择数据库

当今市场中有上百种数据库，可能让你感到无从下手。当针对自己的问题考虑数据库时，你不仅要考虑数据库的类型和成本，而且要考虑它在你当前技术堆栈[7]中的位置，其在行业内是否得到广泛应用（影响人员配备、维护和未来能力），其可扩展性、并发性[8]，以及一致性、可用性和分区容忍度之间的权衡（根据Brewster的CAP理论，在2002年证明，任何数据库至多满足这三个方面中的两个）。其中一些因素可能对你的应用至关重要，其他因素次之。

你可以在db-engines.com上找到当前流行的不同类别数据库的列表，该列表同时显示了最近的趋势（见图8-3）。在撰写本书时，时间序列数据库在过去12个月中比任何其他类型的数据库都更快获得关注（可能是因为它们用于物联网），但它们仍然在体量上比不过上述其他类型。市场研究和咨询公司Gartner和Forrester定期于Gartner Magic Quadrants和Forrester Wave上发布对许多大型供应商数据库的详细分析。

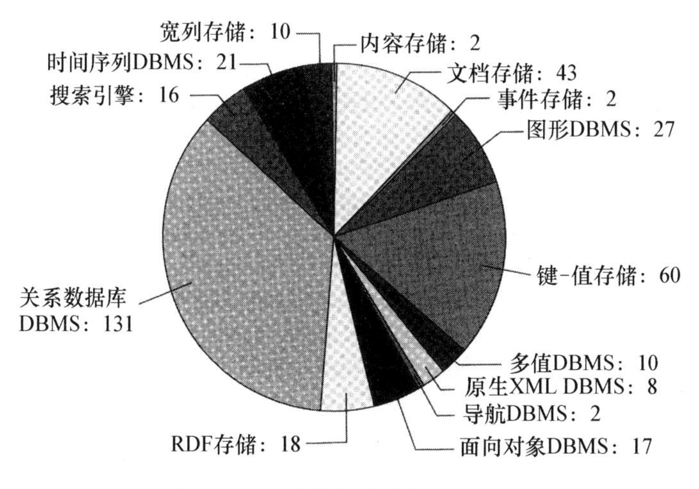

图 8-3 各类数据库比例（2017.7）

编程语言

在开发分析模型时，选择一种适合你的 IT 组织的编程语言，可以更好地完善你的分析库，并能与你使用的其他数据和分析工具更好地集成。实际上并没有单一的最佳分析语言，但在线论坛中的 R 和 Python 始终是最受欢迎的，至少在开发的最初阶段。

除了个人偏好之外，还要考虑工作中 IT 环境的约束和你可能会使用的第三方软件。例如，Python 通常是开放源代码大数据项目支持的第一语言之一（TensorFlow 和 Hadoop 流媒体就是这种情况），但是许多分析师来自学术界，具有丰富的 R 语言编程经验，来自银行业的人通常熟悉 SAS，其本身具有广泛的生态系统，包括功能强大（但相对昂贵）的 SAS Enterprise Miner。

一些公司允许分析人员使用他们自己的语言来制作原型模型，但要求任何投入生产环境的模型首先使用C++或Java等编译语言进行编码，遵循严格的测试并生成文档。有些人将分析模型部署为REST服务，以便将代码与其他生产代码分开运行。

分析工具

你可以从头开始创建模型，但是使用第三方分析软件通常速度更快（并且错误更少），无论你使用的是应用程序组件（如SAS的Enterprise Miner或IBM的SPSS）、独立工具（如RapidMiner或KNIME）、基于云的服务（如Azure/Amazon/Google ML engine），还是开源分析库（如Python的Scikit-learn，Spark的MLlib，Hadoop的Mahout，Flink用于图计算的Gelly等）。你能在这些软件中得到预先构建的算法，它们通常可以很好地与定制的R或Python一起工作。

你也需要选择一个可靠的用于创建图表的可视化工具。Excel可以帮助你快速开始分析，R和Python等语言都有标准的绘图库，但是你渐渐会希望使用具有更多功能的工具。专门的BI系统，如Tableau、Microsoft Power BI和Qlik等其他几十种BI系统，可以轻松地与你的数据源集成；诸如D3.js之类的工具将允许你在网页浏览器中创建令人印象深刻的响应式图表。这类工具大都集成现成的BI工具来完成绘图功能，同时提供企业环境中所需要的数据整合、并发、治理和自助服务。自助服务功能在 BI 工具中非常重要，可以让用户自行探索数据，因此选择低学习成本的工具非常有优势。

可视化软件市场正在蓬勃发展，市场领导者也在迅速发生变化。供应商正在改进展示、自助服务能力、各种数据源的可访问性以及提供的增值分析功能。可视化工具只有在专业人员的手中才能真正地发挥功能，你需要在自己的团队中打造可视化的能力。我们将在第 10 章再次探讨这个问题。

敏捷分析

项目计划有两种主要方法：瀑布式和敏捷式。瀑布式是一种传统的方法，首先将整个项目进行规划，然后根据规划进行构建。敏捷式是一种更具创新性的方法，其中小型多功能团队可以提供增量产品，使计划最终成长为完整的解决方案。

敏捷式的短交付周期降低了交付错位的风险，并迫使团队着眼于模块化和灵活性。此外，跨职能团队的灵活性有助于确保分析活动得到必要的数据、基础设施和编程支持，并不断重新调整业务目标和见解。

敏捷式项目管理变得越来越受欢迎，特别是在科技公司。对于大数据分析项目来说，这尤其有利，因为挑战和益处不太清晰、难以预测，并且底层工具和技术正在迅速变化。敏捷式是为创新而设计的，它与大数据项目本身关注敏捷性和创新不谋而合。

在IT分析中，敏捷式方法通常使用称为并列争球（scrum，源自英式橄榄球）的框架进行，这种框架的使用频率至少是其他敏捷式框架的五倍。即使在IT部门以外的部门也在使用这种框架，经常可以见到人力资源部门或营销团队利用scrum进行规划。

甚至在企业中，敏捷式方法也很受欢迎，企业在这种方法的指导下迅速接受失败，然后对其进行修正，最后全面展开。在最近的数字化尝试中，通用电气（GE）一直在开发他们称之为“简化文化”的东西，即减少费用、减少流程和减少决策点。他们已将精益原则应用于他们的“快速工作”中。他们已经停止了许多年度周期性的流程。正如前首席执行官杰夫·伊梅尔特所说，在数字时代，坐下来做任何事情都是奇怪的，这很奇怪。

请牢记

商业反馈是敏捷式工作的关键。应在短的交付周期内工作，并征求利益相关方频繁的反馈。

需要再次强调的是，不要试图一次性解决你的所有问题。在分析前不要尝试整合一个完整、干净的数据集合。你可以花两个星期用10%的数据构建一个解决60%问题的方案，再用两周进行改进并获取更多的反馈。

在尝试一次性构建解决方案时，这种短循环方法有几个优点。第一，你会在几天后向利益相关者证明你确实在工作并且你还活着。第二，如果你碰巧在分析中走错路，这可能是因为数据并不符合你的期望，或者问题没有被清楚地传达，那么你可以在浪费更多时间之前纠正这个错误。第三，在完成整个项目之前，业务优先级很可能会发生变化。在开始一个与业务更相关的工作之前，你的短交付周期将让你更有可能及时地交付。

你需要遵循以下基本原则，以保持分析的灵活性。

- 从最低可行产品（MVP）开始。让它便宜又快捷，因为一旦你从初步结果中得到反馈，它几乎肯定需要做出进一步改变。

- 学习和快速改变。尽可能多地获取最终用户的反馈意见。通过仔细听取他们的意见，取得他们的信任和支持。

- 构建容错的模块化组件。这就像一个微服务体系结构，其中的组件是独立构建的，要通过一种精细设计的轻量级的方式进行沟通。这种结构在速度和效率上会稍稍逊色，但在兼容性和可用性上可得到极大的提升。

市面上有许多关于精益、敏捷和 scrum 的书籍、证书和培训，其中至少有一本是关于精益分析的书籍。在这里我只简单地介绍，意在强调以敏捷式工作能有效地从大数据中获取商业价值的重要性。

小贴士

- 分析可按照复杂性高低分为四个级别，即使是基本分析也非常有价值。拿到数据时，先尝试让其变得有序，并进行一些电子表格分析。

- 精心设计的图可以使你得出无法从表获得的见解。
- 当你可以选择分析模型时，使用其中最简单、最直观的那个。
- 人工智能和机器学习的方法有很多优势，但也有很多陷阱，你需要权衡潜在价值、风险、成本和备选方案。
- 分析项目最好使用敏捷式方法进行。
- 尽可能利用好现有的工具和技术，在做出选择之前考虑好上述因素。

问题

- 你的组织有效地使用了这四种分析类型中的哪种？对于那些还没有使用过这些分析的人，是否因缺乏技能、实践机会或优先级而受阻？
- 回想一下有多少次你从一张图表中立马获得了见解。你可以使用图查看哪些平常用表观察的数据？
- 在你的组织的哪些部门，人们在使用分析模型，但尚未将商业直觉整合在分析模型之中？你对这些模型的输出满意吗？你可能需要努力将更多见解整合进这些模型。
- 你多久检查一次分析项目的交付成果？哪些最终用户测试了这些项目的中间交付成果？

注释

[1] 交叉验证：一种用来重复分割数据、反复利用数据不同的部分训练和测试的方法。训练和测试所用的数据被分隔开来，主要用来验证分析模型的有效性。

[2] 拟合优度检验：一种验证模型是否准确描述测试数据的统计检验。

[3] TPU：一种谷歌开发的机器学习处理器。

[4]《通用数据保护条例》（GDPR）：一项欧盟推出的关于隐私、数据保护、数据公平使用的法律法规，于 2018 年 5 月生效。

[5] XML：可扩展标记语言，是文档中按照某些标准规范定义的用于编码数据的格式，既可是机器可读也可是人类可读的。

[6] JSON：JavaScript 对象表示法，是一种常见的、人类可读的数据存储格式。

[7] 技术堆栈：用于形成完整技术解决方案的一组软件。

[8] 并发性：评估软件的适用性时，并发指的是可以同时使用该软件的用户数量。

第9章

选择技术

由于最近的技术发展，你将发现收集和使用大数据是件很容易的事情，但技术的范围可能是令人困惑的。搜索一下最新的“大数据景观”(Big Data Landscape)，你就会明白我的意思。在收集和使用大数据的初期，我们绝不应该太专注于技术，但是如果没有它，我们也不会走得太远。

我们将讨论你的技术堆栈（technology stack)，这指的是构成你的技术解决方案的一组组件。例如，你的生产堆栈可能是在Ubuntu (Linux) 操作系统上运行的Java或C＋＋代码，后者又可能在惠普服务器上的Docker容器中运行代码，很有可能是基于云的。大部分组件在你的组织中可能已经存在，并由IT部门提供。

在对大数据进行技术组建时，你需要做出如下决定：

(1) 你使用什么样的计算机硬件?

（2）硬件的位置在哪里？

（3）你将如何构建数据管道（包括选择源系统和传感器、传输机制、数据清理过程、目标数据库和应用程序）？

（4）你将使用什么软件，是编程库、框架，还是第三方工具？

（5）你如何将结果交付给最终用户？

其中一些决定会比其他决定更关键，许多决策将受到你的行业部门和你的组织的支配或影响。上述的第二个问题，即硬件位置，是 IT 领域新的考虑因素，我将在下面用更多篇幅进行讨论。

选择你的硬件

仔细查看当前的和预期的数据量、处理和传输需求。大多数软件应用将指定最低和推荐的硬件规格，包括处理器能力、内存（RAM）的数量和功率、存储（磁盘）和网络功能的详细信息。大数据解决方案一般需要机器集群，通常为 3～6 个，以涵盖基本功能，对于大型应用可扩展至数万个。在图形处理器（GPU）等专用处理器而不是在标准 CPU 上运行时，神经网络将大大地提高运算速率，因此不要为这些应用程序部署标准处理器。

选择技术位置：云端解决方案

我们在第 5 章中介绍了云计算的公共云和私有云，后者指的是一家大公司为内部业务部门动态分配集中化计算资源。云技术包括硬件和软件应用，例如电子邮件、数据库、客户关系管理系统、人力资源系统、灾难恢复系统等。

戴尔的一项研究报告称，全球82%的中型市场组织已经在2015年使用云资源，55%的组织使用多种云技术。积极使用云技术的公司收入增长率高于那些不使用的公司（见图9-1）。

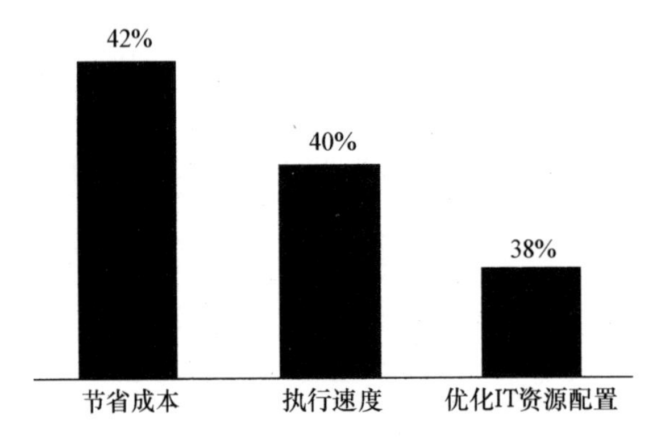

图9-1 云计算的主要优势

云计算使你能够快速配置基于云的硬件，这是一项称为“基础设施即服务”（IaaS）的服务。它对你的大数据实施至关重要。在为大数据选择技术方面，根本的原则是迅速、灵活地变化。IaaS提供了这一点，使你可以在几分钟内扩展存储和处理器容量。

案例研究：984台剩余的电脑

为了说明快速扩展基础设施而不实际购买的优势，请考虑Google早期的图像检测工作。该项目最初使用运行在1 000台计算机上的CPU构建，Google的硬件成本大约为100万美元。随后，决定重新部署图形处理器（GPU），它们运行得非常好，以至于能够在16台计算机上运行该算法，只需大约2万美元的成本。大多数公司不能为一个实验项目购买如此多的硬件，或者向财务部门解释数百台不再使用的计算机。

你仍然需要在基于云的硬件（操作系统、中间件、存储等）上安装软件，但如果你想直接转向运行的应用程序，则可以使用“平台即服务”（PaaS）产品，这可能是某项专有的技术，也可能是由服务提供商实施和维护的开源产品。通过这种方式，你的分析程序中的硬件和基础软件都可以做到外包，并直接在你的应用上工作。

你可能担心云的安全问题。对于公共云和“软件即服务”（SaaS），安全性实际上是公司考虑云的最大障碍。在上面引用的戴尔研究中，42%的尚未使用云的公司表示，安全性是它们不采用云技术的原因，远高于其他原因。欧洲公司通常希望将其数据保留在欧洲，特别是在爱德华·斯诺登事件以及欧洲《安全港协议》[1]引发的动荡之后。

在金融等行业，安全性、可靠性和合规性尤其重要，公司一直选择管理自己的数据中心，以更加严格地控制安全性和可靠性。然而，云提供商将继续缓解这些行业对于安全问题的担忧，金融、医药、石油、天然气行业的公司已开始利用云技术。

一些公司证明，在云中运行的应用程序会促使更安全的应用程序产生，因为它会迫使云提供商淘汰掉不安全的过时软件。在更加现代的软件中，为云构建的应用程序通常设计有高级控制，具有更好的监视功能以及更好的整体安全性。云提供商提供了一定程度的一致性，从而增强了安全性，并且它们也要保护自己的资产。

移动、清理和存储数据：数据管道

你需要构建数据管道，选择数据仓库和中间件，例如用于实时传输信息的消息传递系统（例如 Kafka，RabbitMQ 等）。

移动和清理数据是分析过程中最耗时的部分。你可以购买 ETL[2] 工具来完成数据处理中的大量繁重工作。它应提供有用的辅助功能，例如文档。一个好的 ETL 工具可以很容易地添加一个新的数据源，它不仅可以从传统数据库中提取数据，而且可以从诸如网络分析服务器、社交媒体、基于云的 noSQL 数据库等新的数据源提取数据。

你还需要选择并准备目标数据库。正如我们前面所讨论的，有数百种数据库解决方案可供选择。如果你的企业深深植根于供应商技术，你可能希望继续在该供应商的产品生态系统中使用相关技术；或者你可以考虑添加新技术，并行运行多个系统或将其作为单独的项目运行。从专有数据库迁移到开源数据库可以节省大量成本。最近有一家公司提到它将每 TB 数据的成本降低了一半。你还需要投入大量精力设置数据库表格的逻辑和物理结构，以最适合你的预期用途。

选择软件

我们应该再次强调，市面上针对主要编程语言开发了丰富的用于分析的库，并且你应该通过处理已有的分析来开始利用这些工具。流行的语言和工具，如Python，R，SAS和SPSS，已经包括了由大型社区维护的分析库。在Python中，开发人员可以通过Keras和TensorFlow等现有软件包，仅用几行代码就能构建神经网络。

不要期望找到能够完全解决所有分析挑战的现成软件，但现有软件应该为你提供一个良好的开端，尤其是在它能与你的数据管道无缝集成并自动进行数据处理时。请记住，具体的解决方案仍然需要针对你的问题进行定制，并且你需要应用领域的专业知识来设计最适合你的应用模型的功能。另外，现成的解决方案通常只能实现一个通用的分析模型。

在购买分析软件时，你应该总是提醒自己那些在购买一般性软件时都会考虑的问题（成本、可靠性、所需的培训等）。

请牢记

不要指望能找到一个现成的解决方案，在不需要额外努力的情况下，就可以解决你所有的问题。

交付给最终用户

如果你正在构建用于生产环境的分析工具，例如为客户提供实时建议或根据实时供需设置最优价格，你就需要选择能满足你的交付终端技术要求和限制条件的交付技术。例如，你的网页可以通过在分析服务器上调用 REST API，或通过在网络中执行直接数据库调用来访问内容。

内部用户将直接从数据库、报告和仪表盘，或使用自助服务 BI 工具访问分析结果。报告和仪表盘具有标准化和质量控制的优势，可以手动生成或使用专用软件生成。

报告中的数据会很快过时并可能排除重要细节，它们的读者也无法深入挖掘更多的见解。这就是自助服务 BI 非常重要的原因之一，在过去几年中，BI 工具在提供这种自助服务工具方面有很大的进步。这些工具类似 MS Excel，但要更加强大。它允许用户创建图表和数据透视表，并探索一般性报告中并未展示的关系和分类。在选择 BI 工具时请确保考虑它的自助服务功能。

选择技术时需要考虑的方面

当你为大数据项目选择技术时，请考虑以下几点。

1. 性能与业务需求

依据自己的实际需求配置技术能力，而不是盲目地追求高性能，并要考虑到这些技术随时间的变化趋势。访问你的利益相关者，了解如下要求：

- 数据刷新的频率如何？
- 是否有需要实时而不是批量发生的项目（每天一次，通常在一夜之间)?

- 哪些数据源将被访问?
- 该系统在100%的时间内可用是否重要?
- 你的同事可以根据自己的技能轻松使用哪些技术?

当你与其他组织的技术供应商和用户交谈时，你会发现在你的内部讨论期间没有发现的额外功能和使用方法。

你应广泛地咨询利益相关者，包括：

- 预算负责人。他们负责监督成本并对 CapEx 或 OpEx 有偏好。
- 法律和隐私官员。他们将对 IT 团队的数据位置、治理、正当使用和使用权限做出相关要求。
- IT 团队。他们将帮助你利用组织中已有的技术和技能（例如 Python，通常被整个 IT 团队使用)。他们还具有你必须满足的技术要求。
- 业务单元。他们会强调与可用性和交付相关的要求。他们的投入肯定会影响你对 BI 工具的选择，并可能会影响大数据技术堆栈的任何部分。他们也会对延迟、准确性、速度、并发一致性、透明度和交付做出相关要求。

在选择技术时，你可能需要暂时放弃敏捷思维方式。某些解决方案在初始测试期后和一个有限的可行性验证后，需要一个重要的部署决策。在这种情况下进行重大投资或部署工作，你需要提前进行彻底的需求分析。

为了说明这个问题，假设你在安全性、可靠性和合规性至关重要的金融服务业中工作，传统上，这个行业的公司选择拥有和管理自己的数据中心，并对安全性和可靠性进行全面控制。它们会避免采用刚出现的技术，特别是开源技术。易于使用的 Spark 和 Kafka 版本甚至都不是可行的选择，因为它们不支持 SSL 安全协议。

在金融服务领域，你会对相关的审计提出严格的要求，但在开源软件环境下，这一点通常很难做到。鉴于大多数公司会在假设系统发生一定程度故障的情况下计划它们的系统，你将需要每个系统具有极高的可靠性。

如果你身处金融服务行业，你的大数据技术选择需要考虑以下原则：

- 你不会成为新技术的早期采用者；
- 你将选择最可靠的软件，无论它是不是开源的；
- 在购买支持服务时，你会选择其中最可靠的；
- 在决定是否使用云服务上，你会非常谨慎。

2. 技术选择建议

你会发现评估一项技术通常相当困难。在营销材料上你会看到产品的各项特性，但你需要更深入地了解可用性、性能、可靠性，以及找出组织中决定技术成败的一些未记录功能。

首先你需要从自己的组织和专业网络中收集见解和经验。如果你的组织订阅了 Gartner 或 Forrester，你可以安排分析师访谈并请求获得相关分析师的论文。如果你没有这样的订阅服务，你可以经常在会议上与这样的一位分析师交谈。请记住，他们的专业知识可能在供应商方面更为强大，而不是在开源技术方面。

一些独立的思想领袖会发表对科技的评论和建议，但请记住，他们实际上经常为他们的代言收费。此外，你还可以看看在线论坛或者 Slack 频道，它们为技术提供了持续不断的观察，其中都是一些经验丰富的从业者，同时，投票筛选系统使其保持相对较高的质量。事实上，很多科技的开发者就活跃在这些论坛上。

在尝试复制他人选择的解决方案时要小心，因为对业务要求的细微差异可能导致完全不同的技术要求。Spark 是一种被广泛采用的流分析技术，我们可能会在网上频繁地提到它，但是由于 Spark 以微批处理数据，通常不适合需要低于 500 毫秒（1/2 秒）的延迟的解决方案，起源于德国的技术 Apache Flink 可能更适合这种反应快速的应用。

3. 与现有技术集成

考虑将分析解决方案与客户技术集成到一起。模块化通常是比较受青睐的解决方案，尽管打包好的功能块在价格和可用性上具有优势，有的还具有数据自动传输功能。较大的供应商倾向于创建跨越多个应用的解决方案，包括可视化工具（例如 Tableau）中的基本分析、云环境中的机器学习，或更大的软件套件（例如 Microsoft，SAS 或 IBM）、ETL 和集成数据仓库的交付解决方案（例如微软的 BI stack），或者 CRM 系统中的 AI 功能（例如 Salesforce's Einstein）。对于这样的应用，你需要考虑其是否符合你的要求，能否使你更好地优化数据流或最小化增量的软件成本。尽可能去了解你的目标 B2B 客户的技术平台，这可能指导你开发在云环境中集成或并行的解决方案。

4. 总体拥有成本

许多组织认为成本是使用大数据的一大障碍。在戴尔 2015 年的调查中，大数据使用的最大障碍包括 IT 基础架构成本和将分析、运营进行外包的成本。考虑一下直接成本和间接成本，包括许可证、硬件、培训、安装和维护、系统迁移以及第三方资源。你的 IT 部门应该已经熟悉这种成本计算流程，对现有技术进行了类似分析。

这些成本在不断下降，如果你在准备商业案例中做了功课，你应该能够选出带有正向投资回报率的项目或解决方案。

5. 可扩展性

你应该考虑一下技术如何处理数据、位置、用户数量和创新数据源的增长，考虑许可模式如何扩展。BI 工具的许可证可以同时给十几个用户使用，但在你希望为几百名员工提供自助服务功能时，这种许可可能是不可行的。缺乏这方面的计划可能会导致一些失败的预算投入。

6. 用户群的范围

如果选择了相对边缘的技术，这会影响你寻找外部支持以及雇用和培训内部人员来操作该技术。如果一项技术被广泛采用，尤其是在你所在的位置和行业，将更有可能雇用到合格的员工。同时，第三方资源和网上论坛会有更多的支持，例如 stack overflow 和 slack groups。此外，被广泛采用的开源技术更可能保持最新，当出现 bug 和可用性问题时，也能更快地识别和修复。

7. 开放源代码与专有技术

如果使用开源技术，你将能够快速利用广泛社区的成果，节省大量的开发时间和许可费用。如上所述，上述情况可能会使你拥有经过验证的专有技术，并在服务水平上进行深入的协商。

8. 行业口碑

招聘兼有大数据和数据科学背景的人才非常困难。使用最新的软件框架、数据库、算法和库将提高你招聘顶尖人才的能力。

9. 技术的未来愿景

如果你的组织是早期的技术采用者，那么你会希望优先考虑能够快速整合并适应其周围环境的技术。例如，我们之前曾经提到 Python 通常是新的大数据技术支持的第一语言，但学术界的许多算法都是在 R 中开发的。此外，新数据类型的早期用户会想要选择已知的 ETL 或 BI 工具快速添加新的数据源。

你需要向供应商咨询他们前瞻性的愿景。Gartner Magic Quadrants 中的两个轴之一就是“愿景的完整性”，它结合了供应商的产品策略。

10. 自由定制技术

你是否满意地使用现成的技术，还是希望查看和修改代码？如果你要将技术整合到转售产品中，请检查许可限制。

11. 采用技术所涉及的风险

尖端技术往往并没有经过充分的测试，因此风险较高。采用“外包即服务”会增加对第三方的依赖，供应商解决方案则取决于供应商的支持。

大数据技术令人着迷，并且正在迅速发展，但是你无法单独在技术上建立一个项目。在下一章中，我将讨论你最需要的关键资源，这也是最难以保持的资源——你的分析团队。

小贴士

- 你需要做出与硬件、云技术的使用、数据传输、分析工具和数据交付（BI）相关的选择。
- 各公司越来越多地使用云解决方案，但仍持谨慎态度。
- 服务化（As-a-Service）的产品可以让你更专注于核心竞争优势。

- 利益相关者的要求和偏好将在技术决策中发挥至关重要的作用，特别是对于 BI 工具。
- 在多种相互竞争的技术间选择时，请考虑多个重要因素。

问题

- 你的基础架构和软件的哪些部分可以替换为“服务即产品”，以便你可以更专注于核心竞争优势？
- 你是否因使用太多不同的技术而遇到整合困难？你在评估这些困难时采取了哪些步骤，并在必要时使你的技术标准化？考虑这种流程的成本和收益之间的权衡。
- 在公司或专业网络中，谁可以为你提供对现有技术的全面而公正的见解？考虑一下行业内的会议可能会有所帮助。
- 考虑组织增长预测。在现在使用的技术不能满足你的数据需求，或扩展规模变得极其昂贵之前，通常需要多长时间？

注释

[1]《安全港协议》：2000 年欧盟委员会批准的安全港条款，允许符合数据治理标准的美国公司将数据从欧盟转移到美国。

[2] ETL：抽取（extract）、转换（transfer）、加载（load），有时也称作 ELT。通过这些步骤，数据从源系统移动到数据仓库。

第 10 章

组建团队

团队建设总是困难的，大数据和数据科学让其变得更加困难。例如：

- 合格的人才严重短缺。
- 招聘人员的经验范围十分有限，以及招聘合适角色的短缺。
- 很少或没有候选人有经验导致员工创新项目有一定困难。

对大数据和数据科学的技能短缺已经持续了很多年。我听过很多内部招聘人员抱怨这一点，并且我已经看到很多行业活动重点强调了这个问题。服务提供商和咨询公司已经看到了这种供需的不平衡，并且很多公司正在重塑员工去销售它们提供的服务，但事实是，它们无法实现。

在这一章，我将介绍与大数据和数据服务相关的关键角色，以及雇用或者外包这些角色的考虑因素。首先，考虑一下数据科学家的神秘角色。

数据科学家

这个相对较新的职位覆盖了十几个传统职位，并且获得新生。会计师可能是特许的，医生可能是有营业执照的，甚至急救人员都是被认证的，但任何人都可以称自己为“数据科学家”。

传统意义上，“科学家”这个术语指的是那些能够使用任何可用的工具去观察和解释他们周围世界的具有创造力的人。“工程师”这个词是指那些经过专门训练的人。我们发现，随着可用数据源和方法的变化，例如AI对非结构化大数据存储的应用，我们需要转移对分析方法的预设，例如统计和数值优化，并创造性地运用各种工具和广泛的数据来源，例如神经网络工具、支持向量机、隐马尔可夫模型、微积分优化、线性和整数规划、网络流优化、统计学及其他在广泛领域（数据挖掘和人工智能）已经被证明有用的方法。我们将这些方法应用到我们能找到的任何数据中，不仅是企业文件中熟悉的数据，还包括网络日志、电子邮件记录、机器传感器数据、视频图像以及社交媒体数据。因此，“科学”这一术语变得更适合一个领域。在这个领域中，实践者能创造性地使用超越传统的方法。

今天，我们使用的“数据科学家”这个名词，不仅包括那些创造性地扩大数据使用的专家，还包括那些十年前可能被称为统计学家、市场分析师以及金融分析师的人。我们创造了一个意义如此丰富的名词，以至于它几乎变得毫无意义。

《哈佛商业评论》在2012年提出：数据科学家拥有“21世纪最性感的工作”。一个职业门户网站Glassdoor曾列出：数据科学家在2016年和2017年都是美国人最好的工作。因此，近年来有大批半合格的求职者进入了这一领域，也就不足为奇了。来自就业门户网站Indeed.com的数据显示：数据科学的职位在过去几年正在趋于平稳（见图10-1），然而这一职位的求职者人数在稳步增长（见图10-2），这并不是说合格求职者的数量增加了。求职者的激增强调了适当筛选应聘者的重要性。

图10-1 “数据科学家”工作岗位比例

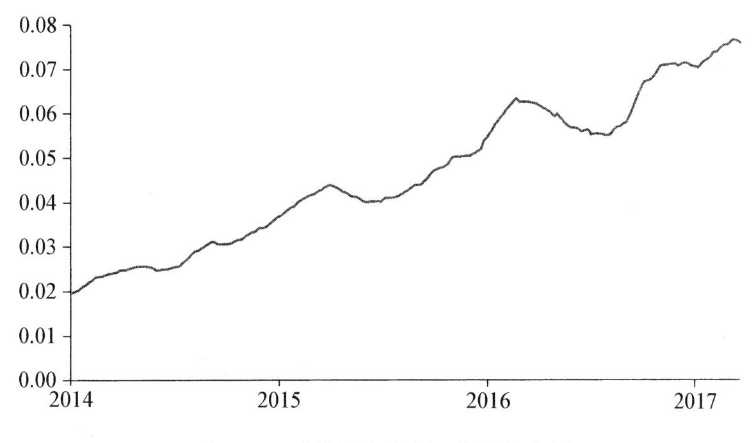

图 10－2　“数据科学家”求职者比例

尽管有其固有的模糊性，但你会希望在角色分析描述中将“数据科学家”这个词包含在内，以实现关键词搜索的目的，之后才是真正需要的求职者的具体描述。你可能会看到这个职位与我在下一节中所描述的任何特定角色有关。针对你需要的具体能力，专注于内部的招聘工作，而非“数据科学家”这一名词。

现在让我们看一下能满足你的大数据和数据科学计划的具体工作角色。

你需要的数据角色

平台工程师

如果你没有利用服务或平台的基础设施作为一种服务提供，你将需要工作人员来启动和运行专用计算机系统，特别是分布式计算集群。一些常见的职位名称与这些功能相关，如“系统工程师”、“网站运维”及“开发和运营”。

数据工程师

为分析而准备数据比分析数据更加费时。你需要从源代码中提取数据，转换或清理数据，并将其加载到优化的表格中进行检索和分析（ETL 过程）。专门的软件可以帮助你，但是如果你没有为这项任务而专门训练的人员，就会浪费大量时间，产生巨大的性能损失。

数据工程师应该：

- 具备使用多用途 ETL 工具和大型数据生态系统（如 Pig，Storm 等）的数据处理工具的专业知识。
- 具有设计数据仓库表的专业知识。根据你的工具，这可能包括 OLAP 多维数据集、数据标记等。如果数据库表设计不佳，你的报告和数据查询可能会由于不稳定和滞后而变得难以使用。这些数据库设计专家也可以帮助同事编写优化的数据查询，以节省开发工作、减少查询执行的时间。

在某些地区招聘数据工程师会非常困难，但是如果你没有得到专业的数据工程师，你的数据团队中的其他人将会浪费时间来完成这个重要的但十分专业的任务。我之前见过，结果是好的，但完成得并不漂亮。

算法专家

你最具创新性的项目将由使用数学、统计和人工智能的专家来完成，像是用你的数据来施展魔法。他们正在编写打败世界冠军的程序，或者在 Netflix 上向你推荐下一部你最喜欢的电影，或知道现在是给买厨房烤面包机的顾客打九折的最佳时机。他们会预测你的第二季度收入，以及下周末你将看到的客户数量。

你为这些任务而雇用的员工应该具有很强的数学背景，拥有数学、统计学、计算机科学、工程学或者物理学的学位。他们应该具备利用一种语言编写和编码算法的经验，例如 Java，Scala，R，Python 或 C/C++。他们应该在面向对象编程中具有一定经验。如果你正在开发一种高度专门化的算法，比如图像或语音识别，你可能需要一个在该领域获得博士学位的人。

在构建算法专家团队时，我需要寻找一些关键技能。这些技能并不一定都存在于一个人的身上，但它们都应在你的团队中。

• 统计方面的专长。你将在 A/B 测试和预测中使用统计数据，并且有许多其他应用程序需要考虑的统计模型和技术。虽然大多数团队成员都有基础的统计学知识，但是有专业知识的人更好。

• 数学优化方面的专长。你想要覆盖基于多变量计算方法的基础（例如，拟牛顿和梯度下降）、线性和整数规划以及网络流算法。对于某些应用来说，这些都是很重要的工具，如果没有这些工具，你最终会用锤子敲入螺钉。

- 通用算法原型工具的专业知识。你想要一个被训练使用某种工具的人，例如 KNIME，RapidMiner，H20.ai，SAS EnterpriseMiner，Azure ML 等。他们可以利用建模和数据处理库来快速地尝试各种不同的模型，而且可能会拼凑出一些集合（集合的模型汇聚在一些为结果投票）。例如，对于特定的分类问题，他们可能会比较统计回归和支持向量机的结果与决策树的结果，从而快速确定未来开发和最终部署的最有前途的模型。

- 强大的算法编码技巧。你最终投入生产的编码应该是设计良好且高效的。一个算法运行得非常慢或者非常快取决于它是如何编码的。出于这个原因，你希望某些团队成员在生产语言（production language）中特别精通编码生产的算法。团队中的某个人也应该对计算复杂性有很好的理解，这与算法的可伸缩性有关。如果将问题的大小增加一倍，你的技术就会慢 100 倍，那么随着问题大小的增加，你的技术将无法使用。

对于算法专家的角色，仔细观察求职者的学位和母校。有些大学比其他大学强得多。需要注意的是，各国在获得学位上所需的努力有所不同。更复杂的是，一些大学可能不是综合排名第一的大学，却是特定领域的世界领导者。你可能会惊讶于华盛顿大学的计算机科学专业排名超过了普林斯顿大学和哈佛大学。最后，请注意毕业于同一所学校的两名博士生之间的差距仍然足够大到能驾驶一辆卡车通过。

请牢记

教育背景和在知名公司的工作经验可能是求职者实力的强烈信号，但它们不应该主导你的雇用决定。

对于一些与算法开发相关的角色，特别是那些需要极端创新的角色，我们更看重智商和创造力而不是相关的经验。几年前，一位朋友接受了世界顶级对冲基金的面试，整个过程包括 5～6 小时的脑筋急转弯，几乎没有涉及金融市场甚至编程的问题。这家公司在算法开发人员中寻找原始的创造性智慧，他们相信合适的人可以根据需要学习任何相关的课程。尽管在雇用算法开发人员时这是一个可行的策略，但它并不适用于数据工程师和业务分析师等角色。

业务分析师

你雇用的大多数数据科学家可能就是我说的业务分析师。这些分析人员是业务思想的合作伙伴，回答业务部门提出的基本但重要的业务问题。他们通常使用基本技术来收集数据，然后用电子表格分析数据并交付结果。换句话说，这些人对 Excel 很拿手。

对于这些分析师应该在组织中处于什么位置有各种各样的观点。有些公司将他们组织成一个特定的团队，有些则将他们嵌入到业务部门中。

位于中心的数据分析师可以更容易地共享知识，并根据需要将知识分配给最高优先级的项目。分散的数据分析师可以作为业务团队的一部分，影响团队的洞察力和快速反馈的能力。这种分散的模式可能更多地出现在一些中小型企业，因为它不需要执行人员的支持，而是在部门级别上提供资金。

无论哪种情况，都要鼓励业务分析师与算法开发人员，尤其是数据工程师保持紧密的沟通。业务分析人员将为算法开发人员提供有价值的业务见解，算法开发人员可以为一线挑战提出具有创新性的解决方案。数据工程师应该帮助业务分析师，为其提供数据，否则业务分析师将会浪费时间编写次优化的查询。

Web 分析师

客户在线行为是一个非常重要的数据源。你可以从大量成熟的 Web 分析产品中进行选择，无论你选择哪种工具，都应该由一名经过培训的专家来管理，他能保持 Web 分析和相关技术的最新进展（包括浏览器和移动操作系统的更新）。

你的 Web 分析师将监督网页和应用程序标记，并确保有效地收集在线客户活动。一些 Web 分析工具还可以从任何连接的数字设备上收集数据，不仅仅是浏览器和应用程序。Web 分析人员还可以帮助进行数据整合。Web 分析人员将创建转换漏斗并实现自定义标记，监视和解决任何可能出现的实施问题，例如与浏览器更新相关的数据错误。他们将帮助实现内部数据与 Web 分析数据的合并，这些数据合并可以在组织的数据库或 Web 分析服务器上完成。

你的 Web 分析师还是使用可用的 API 和接口提取数据、创建分段和报告的专家。因此，这个人可能会积极参与 A/B 测试、数据仓库、市场分析和客户细分等工作。

报告专家

如果你雇用或培训一些擅长创建一流图表的员工，你将受益匪浅。这需要艺术和科学的结合，应该由擅长的人来完成。

- 选择最适合用例的表或图。例如，相比表格，趋势变化会更快从图中得出，表格更适用于序列性观察。
- 选择最适合数据的布局和格式。例如，垂直显示时间序列的数据报告并不直观。
- 减少视觉上的混乱，让接受者能够专注于最重要的数据。这一点很少能做得比较好。
- 利用格式塔的杠杆原理和前注意加工。
- 选择减少混淆的形状和颜色。

斯蒂芬·菲尤（Stephen Few）写了一些有关数据视觉的最佳实践的书籍。

在技术层面上，报告专家应该能够轻松地编写数据库查询，从源系统中提取数据，并且应该对你的 BI 工具进行培训。

领导者

领导者是分析系统成功的关键。在之前引用的 CapGemini 调查中，近一半的组织已经在进行组织重组以利用数据机会，1/3 的组织认识到数据机会跨越其业务的广度，并任命了高级大数据角色。

我的客户有时会要求我帮忙寻找有关数据分析的领导者。这个“首席数据科学家”的职位通常由公司任命，原因有二：

（1）公司正打算成立一个新的部门来利用数据科学和大数据。

（2）公司试图利用现有的管理层建立这样一个部门，并且已经意识到他们需要新鲜的、专门的领导者。

在近 20 年里，我在财务和商业分析工作中面试了几百个分析师并进行了简历的筛选。与我交流过的求职者来自世界各地，许多人完成了世界顶级的技术研究所课程或者从著名学府毕业（例如沃顿商学院、芝加哥大学布斯商学院或牛津等学校）。多年来，能够找到并聘用诸多优秀的人才真是一种荣幸。

然而，填补分析领域的领导者角色尤其具有挑战性，因为应聘者必须满足复杂的要求。

拥有三种不相关的技能

领导职位要求有很强的技术、商务和沟通能力，通常是消极相关的技能。在技术上表现出色的人往往对与非技术业务的同事沟通不感兴趣，他可能会将技术创新置于业务价值之上。

技术技能的宽度和深度

从分析的角度来看，领导角色要求熟悉广泛的工具和技术，并对所涉及的深入技术实践有一个基于经验的理解。一个组织中的专家当然有一定擅长的领域，例如统计学、深度学习、自然语言处理或整数规划。对于领导角色来说，合适的人选必须能够了解整个分析工具，选择最佳技术解决业务问题，根据需要招聘专业人才。

领导者还必须熟悉相关的工具，包括数据库技术、编程框架、开发语言和原型工具。上面已经给出了这些工具的例子。技术领域相当广泛，而且在不断扩大。适当地利用现有技术可以很容易地减少几个月或几年的内部开发。

交付结果的能力

如果领导者做不到这几点，那么几乎肯定会失败。

- 了解有形业务驱动程序和关键绩效指标。
- 确定适当的数据科学技术、工具和应用，这通常来自跨领域研究。
- 以精益的方式执行分析项目。
- 沟通愿景以赢得同事们的认可。

领导者的招聘过程

一共有三个阶段，我通常会和一家招聘领导者的公司一起实施。

（1）与招聘团队保持一致。与内部招聘人员共事通常是一件愉快的事情，他们通常渴望了解新的个人资料。在技能、技术、背景和业务经验方面，领导分析人员对他们来说几乎是一个新角色，我们在多次考量角色、确定合适的分配部门和审查候选人上进行了合作。

在这个过程中，尽早考虑薪水是很重要的，因为你可能没有意识到这个职位在就业市场上的高溢价。如果你花了很长时间才把期望的薪水提高到市场水平，你将会失去合格的求职者。

（2）寻找强有力的求职者。这可能是最具挑战性的部分。你正在寻找能够完全匹配你分析程序的人，并且根据组织结构的不同，可能还包括数据管理。建立一套全面详细的问题，涵盖你认为对该职位最重要的能力，在面试中给求职者一定的空间让他们介绍自己的爱好、抱负和经历。

你会发现自己很难或者不可能了解求职者的分析能力，但你可以了解他过去的成就和他对这个职位的看法。引入你的技术团队来评估求职者对技术的了解程度，以及引入商业领袖以确保他们对求职者的沟通能力和商业敏锐度满意。

（3）得到求职者。最优秀的求职者会有很多工作选择。提供有竞争力的薪酬，密切追踪求职者，以此迅速解决一些附属问题。

对于首席数据科学家职位，我的经验是，求职者有机会接触到有趣而丰富的数据，并且能够以创造性和有意义的方式做出贡献而不会受到过多的干涉。

雇用数据团队

因为大数据存在的时间很短，许多外部招聘公司还很难理解被要求填写的资料。比如一些我曾接触过的第三方招聘公司，这些公司的人员无法区分数据工程师和算法开发员，他们还不够熟悉快速变化的技术环境，无法将简历上的技能及经验与需求进行匹配，更别说协助你编辑能最好描述需求的规范文档了，他们可能很难以对顶尖人才有吸引力的方式呈现这一角色，最终向求职者展示的与现代技术脱节。

招聘公司与公司内部招聘人员竞争，它们积极挖掘专业招聘人员。应该反思传统的招聘人员方法，拓宽第三方招聘人员网络，制定合理措施来协助公司内部招聘人员理解新职位以及目标求职者的偏好和习惯。派遣招聘人员到高质量的数据会议，让他们快速掌握概念和术语，帮助他们建立网络。

案例研究："美国最具前景的公司"的分析人员配备

Instacart是一家提供杂货当日达快递服务的线上公司，2012年由前亚马逊员工于硅谷创立。2015年，《福布斯》杂志称其为"美国最具前景的公司"。到2017年，它已经成长为一家市值数十亿美元，有上千名员工的企业。

Instacart将机器学习用于几个重要的应用，比如减少订单履行时间、计算配送路线、帮助顾客发现相关的新产品，还有平衡供需。

在最近的一次访谈中，数据科学（Data Science）副主席杰里米·斯坦利（Jeremy Stanley）阐述了Instacart的分析人员配置。

它的数据人员分为两类：

(1) 商务分析人员，使用分析方法来指导战略和商业决策。

(2) 机器学习工程师，被分配到职能团队中构建将用于产品的软件。

Instacart 不仅雇用经验丰富的机器学习工程师，还对内部软件工程师进行为期一年的培训，让其成为机器学习工程师。尽管没有商务分析师成为机器学习工程师，但他们经过两三年的培训，商务分析师将具备使用机器学习软件所需的能力。

Instacart 认为大范围地寻找求职者是最困难的，下列途径可以减小难度：

(1) 利用现有员工的网络；

(2) 公开讨论有趣的项目（近期，Instacart 发布了一篇关于深度学习应用的博客）；

(3) 通过开源项目和数据集，举办竞赛来回馈社区。

Instacart 的分散模式将大部分招聘和指导交由数据科学副总裁来完成。数据科学副总裁估计他的时间将全部花在招聘、指导和实践项目工作上。

大规模招聘和收购创业公司

当需要大规模招聘时，招聘挑战将会变得更加复杂。在通过概念验证确定分析工作的价值后，你可能希望迅速提升员工。根据麦肯锡公司最近的一份对 700 家公司的调查，有 15%的分析带来的营业利润的上升与大规模雇用专家有关。

你可以通过重新分配内部资源来填补一些职位，特别是那些要求通用软件开发技能或者数据分析背景的职位。对于更专业的技能组合，特别是在 AI 方面，企业通常会选择收购相对小而专业的公司（特别是初创公司）来填补相应的职位。eBay 在 2010 年的作为就是一个很好的例子，它通过收购 Critical Path Software 公司，快速扩大了 eBay 移动开发者相关部门的规模。我们还可以看到其他相似的例子，谷歌收购有 75 名员工的 DeepMind 以及 Uber 收购有 15 名员工的 Geometric Intelligence。正在以爱因斯坦系列产品推动其 AI 的 Salesforce 公司在 2016 年收购了一家 AI 初创公司 MetaMind 的 AI 主要成员。收购这家基于 Palo Alto 的 AI 公司，着眼于“进一步实现客户支持、市场营销和其他业务流程的自动化和个性化”和“在 Salesforce 平台嵌入深度学习从而增强 Salesforce 的数据科学能力”。

GE 是一家有上万名软件开发员和架构师的公司。近来，这家公司启动了一个名为“Predix”的物联网软件平台。从 2013—2015 年，为了在这个新平台上培训公司全球范围的软件团队，Predix 团队规模从 100 名成员发展到了 1 000 名成员。这一快速成长同样借助了收购。他们先聘请了关键技术提供商的联合创始人纽瑞冈（Nurego）作为 Predix 的总经理，继而将整个公司收购。

图 10－3 描述了最近几年 AI 公司被收购的增长率。

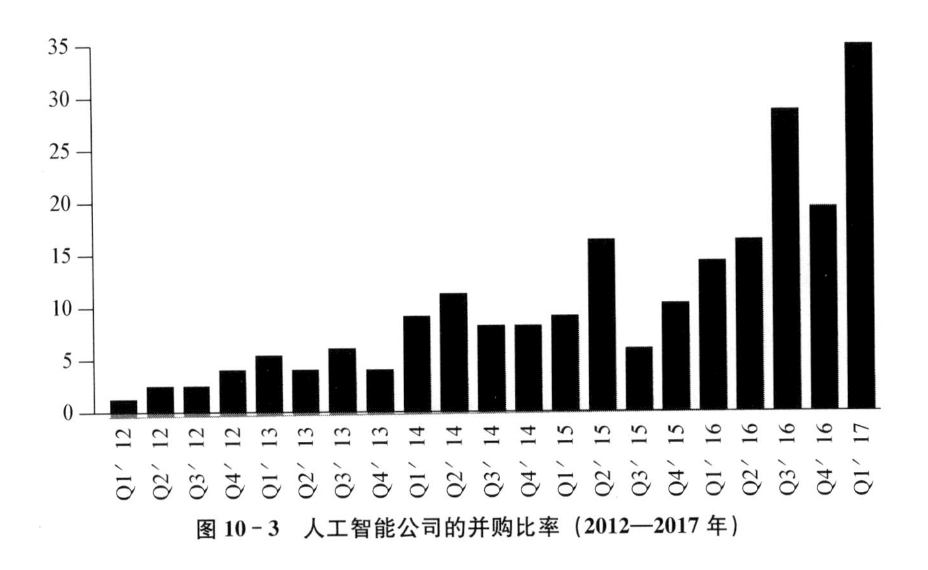

图 10-3 人工智能公司的并购比率（2012—2017 年）

外包

你可以引入外部资源来补充内部人员，或者，也可以将整个项目或服务外包。

外包项目促进敏捷开发，让你可以专注于核心优势。在敏捷性方面，外包可以让你快速地确保技术和数据科学应用方面的专业知识。第三方可以在几天或几周内开始任务，若以需要重新分配或招募（两种方式都难以进行概念验证）的内部资源来进行的话，甚至可能需要花费几个月。

外部的小型团队因专业经验丰富可以在短短几周内完成概念验证，一支没有相关经验的内部团队动辄要花费数月时间，并且很可能会以失败告终。这种速度上的极大提高让你轻易就可决定哪种分析举措更优。

外部资源的每日费用可能会高于内部薪酬数倍，但是考虑到开发进程中的效果，外部资源的性价比可能更高。当你将技术从概念验证转移到生产时，你想要在内部移动专业知识，然后有商业案例来支持长期投资。

许多组织雇用外部人员来补充内部人员，将外部人员引进到内部团队中。这种方式出于三点考虑：

（1）可以快速接触到难以招聘的人才。

（2）为必要时削减人员提供一定的灵活性（这一点对某些公司（设于有严格的劳务法律的国家）来说尤为重要，比如在欧洲国家）。

（3）可以影响你的财务状况，减少人员数量，并为将运营成本转移到资本性支出提供选择，这几点都可能引起投资者的兴趣。

请牢记

引入外部专家可能是快速启动项目或完成概念验证的最好方式。

对于外包的一个警示是，寻找可靠的数据科学顾问是非常困难的。即使在同一家公司里，顾问的质量也会相差很大。由于你的项目本质上是研发工作，无论分析师的实力如何，他们总是有可能获得很少甚至没有实际利益。因而，通过引入正确的人员使成功概率变大，就显得非常重要。可能的话，要寻求好的咨询公司，在这种公司里，公司所有者参与监督每个项目。

最后，如果你已经设法组建一支强大的内部团队和相应可靠的随时可引入的外部资源，你将很有可能做得比同行更好。

对于小型公司

如果你领导一家小型公司或者单独工作，你可能没有一支完整的数据团队所拥有的资源和条件。由于最终用户的数量很少，因而你将不再需要依赖专业数据工程师的技能。同时，你也没有足够的报告和仪表盘消费者数据来证明聘用报告专家的合理性，并且你可能没有足够支撑一整个深度学习项目的资源。

小型公司数据团队的最低可行产品是将网络分析责任放在营销团队中，并聘请能够胜任业务分析和报告的分析师。此类分析师的最低技能要求是：

- 过硬的数学背景，包括理解基础统计知识。
- 数据库技能，包括具备使用 SQL（标准查询语言）的经验。
- 良好的沟通能力，包括创建简洁明了的图表的能力。
- 作为一名思想伙伴解决业务问题的能力。

一般来说你不会随便启动内部深度学习项目，不过你可以借助大型供应商提供的付费服务而无须理解其工作原理。例如 Google Cloud Vision API，Salesforce Einstein 和 Amazon AI 等图像和文字识别软件。

小贴士

- “数据科学家”一词过于宽泛，不能用于招聘。
- 在大数据和数据科学项目团队中工作，你需要具备 6～7 项关键技能。
- 招聘分析领导人员十分困难，但很重要。
- 传统的招聘人员可能欠缺你想要招聘职位的相关专业经验。
- 顾问在启动新举措方面非常有帮助，但要仔细检查他们是否具备相关技能。
- 越来越多的大型公司选择通过收购来扩展分析人才。

问题

- 你的哪类招聘人员（内部或外部）理解本章提到的每一种数据角色的要求？如果没有，开始与新的机构对话。
- 在你的公司中，谁是最早具备数据分析视野的？许多公司正在任命 C 级数据分析领导者，这样的角色将如何适应你的公司？
- 如果你将要收购一家较小但更专业的公司来构建你的分析能力，这家公司应该是什么样的？思考其位置、规模和所具备的技能。

第 11 章

数据治理与法律遵从

为了保护和治理你的数据，你有三个主要的关注点：

（1）恰当地收集和保护个人数据。

（2）对你自己数据的内部治理。

（3）在每一个你所处的管辖范围内遵守当地的法律法规。

最后一个关注点对于跨国企业，尤其是欧洲的跨国企业来说，是一个很大的、令人头疼的问题。在 2018 年 5 月生效的欧洲《通用数据保护条例》中，违法行为的罚金已经高达企业全球营业额的 4%或 2 000 万欧元（以较大者为准）。即使总部在欧洲以外的企业，如果收集或处理足够数量的欧洲居民的数据，欧盟也将追究其责任。

不管法律的风险如何，如果社会认为你不恰当地处理了个人数据，那么你将面临名誉受损的风险。

个人数据

当我们谈论个人数据时，经常使用“个人身份信息”这个术语，广义而言，指的是个人特有的数据。护照或驾驶证编号是个人身份信息，但一个人的年龄、种族或医疗状况不是个人身份信息。个人身份信息没有一个清晰的定义。用于访问网站的浏览器的 IP 地址在一些法律管辖区内被视为个人身份信息，但不是所有法律管辖区都如此。

人们越来越意识到使用数据科学技术可以从非个人身份信息中确定身份，因此我们提到“准标识符”，这些“准标识符”不是个人身份信息，但可以起到类似个人身份信息的作用。我们也需要保护这些非个人身份信息，正如我们将在下面的 Netflix 示例中看到的。

识别你处理和存储的所有个人身份信息和准标识符，并建立内部策略以监视和控制对其的访问。你对这些数据的控制将提升遵守当前和未来的政府法规。

当个人身份信息与私人信息相关联时就会变得敏感。例如，含有城镇居民的姓名和地址的数据库中全是个人身份信息，但其通常是公开数据。医疗状况（非个人身份信息）的数据库与个人身份信息相关联时必须受到保护。司法管辖权在管理必须受保护的个人数据（健康记录、种族、宗教等）的法律方面有所差异。这些法律通常来源于每个地区的历史事件。

合理使用敏感的个人数据有两个重点领域：数据隐私和数据保护。

- 数据隐私。与你可能收集、存储和使用什么样的数据有关，例如将隐藏的摄像机放置在公共场所或者在未经用户许可的情况下使用网络 cookies 来跟踪在线的浏览行为是否合适。

- 数据保护。与保护和重新分配你合法收集和存储的数据有关。其回答了一些问题，例如你是否可以将欧洲居民的私人数据存储在欧洲以外的数据中心。

隐私法

如果你在一个大型组织中，你将拥有一名内部隐私官，他应该对你的数据和分析领导者很熟悉。如果没有隐私官，你应该在拥有客户基础或数据中心的管辖区内找到能够在隐私和数据保护法律方面为你提供建议的资源。

每个国家决定自己的隐私和数据保护法律，其中欧洲国家有一些最严格的法律。欧盟 1995 年颁布的《数据保护指令》（Data Protection Directive）提出了有关欧盟隐私和数据保护的建议，在 2018 年 5 月欧盟范围内《通用数据保护条例》（GDPR）启动之前，每个国家都需要确定并执行自己的法律。如果你有欧盟客户，需要熟悉《通用数据保护条例》的要求。图 11-1 展示了 2017 年 1 月以来谷歌搜索词条“GDPR”的数量上升，证明不单单是你有欧盟客户。

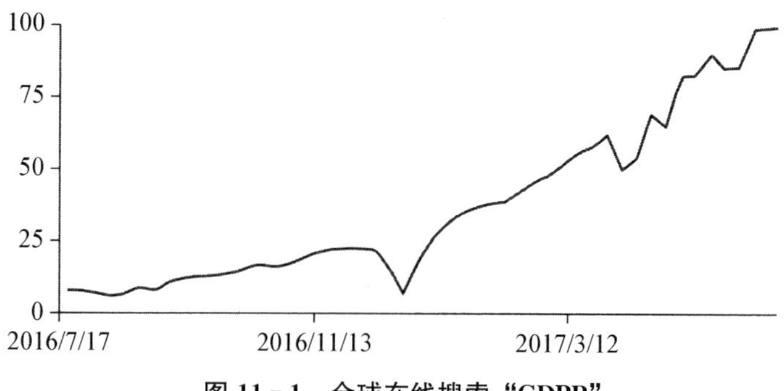

图 11－1　全球在线搜索“GDPR”

资料来源：谷歌趋势：2016 年 7 月—2017 年 3 月。

各国隐私法律差异的程度已被证明对跨国组织具有挑战性。特别是对依赖大量个人数据来更好地了解客户并与之互动的数据驱动型组织而言，其面临的挑战更大。在欧洲过去的几年中，一个国家可以收集的某些数据不能在邻国收集，并且能够在欧洲收集的个人数据不能发送到欧洲以外的国家，除非接受国提供符合欧洲标准的数据保护。

请牢记

隐私权和数据保护法因法律管辖范围而不同，即使你实际并不在那里，你也可能受到当地法律的约束。

2000 年欧盟委员会批准的《安全港协议》允许遵守特定数据治理标准的美国公司将数据从欧盟转移到美国。在爱德华·斯诺登事件后，美国公司维护个人数据的能力受到质疑，因此，欧洲法院于 2015 年 10 月 6 日宣布欧盟《安全港协议》无效，并指出“法律必须在尊重私人生活的基本权利基础上，允许公共当局有权访问广义基础上的电子通信内容”。

美国的隐私法比欧洲更宽松一些，但有一些例外。有一个可以追溯到 20 世纪 80 年代后期的有趣例子，当时联邦巡回法官罗伯特·博克被提名为美国最高法院法官。作为一个严格的立宪主义者，博克曾经提出，美国人只有通过直接立法才能获得隐私权。这一强烈的表述使得一位记者走进一家华盛顿视频租赁店，并要求值班经理让其看看博克的录像出租历史，他带着列有博克在过去两年中看过的 146 个录像带的名单走出了商店，随后他发布了该录像带名单。令人惊讶的是，这种行为在当时是合法的。碰巧的是，这份清单中并没有包含任何可耻的内容，但美国国会对这一事件表现出了敬畏之心，很快就通过了 1988 年的《视频隐私保护法案》，使得视频租赁成为受到美国明确保护的一类数据。

组织不正确地处理个人数据也违反法律，即使这些数据不是个人身份信息，也链接不到个人身份信息。2017 年初，美国电视制造商 Vizio 为秘密录制和销售其电视观看历史支付了 220 万美元的和解费用。这种侵犯隐私的行为不仅在经济上造成了损失，而且成为国际新闻的头条。

数据科学和隐私披露

为了保证自己不违反法律和免受声誉风险的侵害，你需要的不仅仅是对法律的理解，你需要了解客户如何看待你对数据的使用，并且你需要对数据科学技术如何导致意外的违法行为有意识。

当塔吉特使用统计模型来识别孕妇购物者时，并没有收集私人数据，但以高度的准确性进行隐私披露。它没有违法，但承担了公共关系风险。

案例研究：尽管有最好的打算，Netflix 还是惹火上身

一家美国公司因为没有意识到数据科学技术如何将法律保护的数据去匿名化而陷入困境。2006 年，视频流媒体公司 Netflix 已经创办九年，发展到约有 600 万用户的规模了。该公司开发了一个推荐引擎来增加用户参与度，并正在寻找改进推荐的方法。在一群天才当中，Netflix 提出了 Netflix 奖：奖励 100 万美元给能够开发推荐算法，并以至少 10%的优势击败 Netflix 自己的推荐算法的团队。为了支持这项工作，Netflix 发布了匿名的租赁记录和 480 000 名观众的相应评分。不要忘了 1988 年的《视频隐私保护法案》中禁止企业发布与个人相关的租赁记录，但这些记录是匿名的。

在 Netflix 于 2006 年 10 月 2 日发布数据之后，事情迅速发展。在 6 天内，一个团队已经以微弱优势击败了 Netflix 自己的推荐算法。在几周内，来自得克萨斯大学的一组研究人员也取得了突破，他们已经去匿名化了一些匿名的租赁记录。研究人员进行了所谓的链接攻击（linkage attack），通过使用 Netflix 和论坛上的共同评论，将匿名的客户浏览记录与在线论坛上的个人名字联系起来。

这一传奇故事又上演了三年。在这段时间里，有一个团队达到了提升10%的标准，并获得了Netflix的大奖。此后不久，Netflix遭到集体诉讼，指控其违反了隐私法。

将这些例子进行比较会得到很有意思的发现。一方面，塔吉特没有违反法律，但因不透明地使用个人信息而承担声誉风险。另一方面，Netflix以一种非常开放和透明的方式与客户的利益保持一致，在这种情况下，其可以得到更好的视频推荐算法，几乎没有什么声誉风险，但是有法律后果。

其他公司甚至政府已经成为这种链接攻击的受害者，在这种链接攻击中，链接数据来源可以让攻击者破坏隐私保护措施。如果你的项目要求你分发匿名个人信息，那么请应用差异隐私技术。这种技术是方法研究的一个领域，目的是防范链接攻击同时保持合法应用程序的数据准确性。即使是使用内部数据，你或许也需要这项技术，因为法律越来越限制公司在未经明确许可的情况下使用个人数据的权利。

需要注意的是，你存储的客户的行为数据中所隐藏的敏感信息可能比你所意识到的更多。为了说明这一点，《美国国家科学院院刊》（*Proceedings of the National Academy of Sciences*）记录了一项针对Facebook Likes功能的研究，该研究包括58 000名志愿者。研究人员建立了一个模型，该模型仅基于一个人的“喜欢”内容就能准确识别出一系列敏感的个人信息，包括：

- 性取向；
- 种族；
- 宗教和政治观点；
- 人格特质；
- 智力；
- 幸福度；
- 成瘾物质的使用；
- 父母离异；
- 年龄；
- 性别。

通过分析 Facebook 上用户的“喜欢”内容，该模型能够以 95%的准确度区分高加索人和非洲裔美国人。

因此，我们看到了数据科学中最基本的两个工具——数据来源的创造性链接和内部生成算法创造，两者都增加了在看似无害的数据中暴露敏感的个人细节的风险。在分析工具世界中遵守隐私法律时，请注意你所面临的危险，这些分析工具越来越能够从大数据中获取洞见和识别隐藏模式。

数据治理

针对员工如何访问和使用系统中的数据，在你的组织内建立和执行相关策略。你的 IT 部门中指定的个人，以及有合作关系的隐私官员和每个数据源的所有者，将授予和撤销使用基于命名或角色的授权策略的受限数据表的访问权限，使用安全协议强制执行这些策略，并经常使用日志来验证合法的数据使用情况。如果是在一个受管制的行业，你将会受到更严格的要求。在那里，使用生产系统工作的数据科学家可能需要通过 6 个安全层次来获取源数据。在这种情况下，你将希望选择一个具有高安全性和合规性标准功能的企业大数据产品。

在 IT 堆栈中添加一个大数据存储库可能会使控制访问、使用和最终删除个人信息变得更加困难。在传统数据存储中，数据以结构化格式保存，每个数据点的灵敏度可以被评估并分配适当的访问权限。在大数据存储库中，数据通常以非结构化格式保存（“读取模式”而不是“写入模式”），因此尚不清楚存在什么样的敏感数据。

你可能需要遵守有关删除数据的法律，特别是在欧洲境内。在这种情况下，你必须根据要求删除某些个人数据。在大数据存储中，尤其是在尚未处理数据的普遍存在的“数据湖”中，我们很难知道个人数据在系统中的存储位置。

《通用数据保护条例》（GDPR）将限制你使用欧洲客户的数据，并要求许多商业应用程序征求用户同意。这将限制数据科学家的努力，你还将对影响客户的算法（例如保险风险或信用评分的计算）的“解释权”负责。你可能需要为数据科学家引入新的访问控制和审计跟踪，以确保符合《通用数据保护条例》。

对《通用数据保护条例》的全面讨论超出了本书的范围，我们几乎没有涉及欧洲和世界各地的其他法规。同时（快速免责声明）我不是律师。请与熟悉你所在司法管辖区法律的隐私专家联系。

请牢记

法律会对你如何使用个人数据进行限制，即使你有收集和存储这些数据的权利。

治理报告

从法律合规性和数据保护两个主题入手，我将简要介绍一个可选的治理框架，该框架可以减少你的组织内部的混乱状况，并使你和同事的工作轻松一点。至于内部报告和仪表盘是如何在你的组织内被组合和分配的，你应该为此开发和维护一个分层的治理模型。大多数组织都因没有这样的模型而遭受极大的痛苦。高管们围坐在会议桌旁，惊愕地盯着一堆部门报告，每一份报告都以略微不同的方式定义了一个关键指标。在其他时候，来自实习生的快速分析可以在电子邮件链上运行，并可以作为其他部门关键决策的输入。

根据我的经验，你将会为自己免去巨大的痛苦，如果你开发一个框架是为了实现：

（1）统一用于报告和仪表盘的定义。

（2）澄清所有报告和仪表盘的可靠性和新鲜度。

一种方法是为你的报告和仪表盘引入多层次的认证标准。第一层是自助服务分析和针对开发环境运行的报告。这个级别的报告不应该离开创建它们的单元。一份显示商业价值的第一层报告可以被认证并提升到第二层。这种认证过程需要一定的文件和一致性，并可能需要由指定人员签署。具有更多任务或扩展角色的二级报告可能会被提升为第三层，等等。当一份报告放在一位高管的办公桌上时，这位高管可以对其术语、一致性和准确性充满信心。

小贴士

- 识别和管理你对个人身份信息（PII）和准标识符的使用非常重要。
- 建立和执行内部数据使用的治理和审计。
- 与隐私权和数据治理相关的法律因管辖权的不同而存在很大差异，并且可能会影响你的组织，即使你的组织在管辖区内没有实体存在。
- 欧洲的《通用数据保护条例》将对任何在欧盟有客户的公司产生强烈的影响。
- 尽管你努力地保护隐私信息，但链接攻击和高级分析技术仍可以揭露隐私信息。
- 为你的内部报告和仪表盘创建分层系统可以提供一致性和可靠性。

问题

- 为了保护系统中的个人身份信息（PII），包括防止链接攻击，你采取了哪些措施？要确保你遵守该地区的法律，并且保证即使在合法的情况下你的声誉也不会面临隐私侵权的风险。
- 如果你在欧洲有客户，要采取哪些措施来与《通用数据保护条例》相兼容？请记住，《通用数据保护条例》的罚款为企业全球收入的 4％。
- 如果组织里没有隐私官，你可以向谁咨询有关隐私和数据保护法的问题？有些跨国公司可以提供跨越多个司法管辖区的建议。
- 你最后一次回顾重要的内部报告并且意识到所使用的术语不清楚或数据不准确是什么时候？你采取了哪些措施来解决该问题？也许你希望开发一个内部报告治理程序，例如本章中讨论过的那个例子。

第12章

在组织中成功部署大数据

我想错了。我以为这全是技术的问题。我想如果我们雇用了几千名技术人员，如果升级了我们的软件，这就是解决的方法。然而我错了。

——杰夫·伊梅尔特（通用电气公司前CEO）

成功的数据计划可以带来巨大的商业和科学价值，但是由于准备不足、内部阻力，或者程序管理不善，许多人止步于起点。那么，如何提高你的数据计划成功的概率呢？哪些原则可以帮助减少所需的成本和努力要求？

我们以一个雄心勃勃的大数据项目的失败案例研究开始。该项目得到了媒体的大肆宣传，但仍以失败告终。

案例研究：6 200万美元的失败

你可能在2011年首次听说IBM的人工智能程序沃森。当时它击败了两个人类选手，赢得热门的美国游戏节目《危险边缘》(*Jeopardy*)。两年后，IBM为该人工智能项目提出了更高贵的用途，与得克萨斯大学安德森癌症中心合作了一个项目，该项目利用沃森程序将病人与记录在案的临床病理学档案进行匹配。世界期待着即将到来的癌症治疗革命。

然而，到2016年底，该项目已被证明是一项失败的投资——6 200万美元以及安德森癌症中心的大量内部资源支出，包括员工时间、技术基础设施和行政支持。这是一个发人深省的教训，在现实中，大规模的有前途的项目可能会遭遇巨大的失败。

有迹象表明，这不是大数据或沃森技术的失败，而是项目执行不力。得克萨斯大学的一份审计报告列举了许多与服务提供商相关的问题，沃森技术似乎从未成功地与医疗中心的新电子医疗记录系统相结合。

事后看来，专家们意识到，在这个应用程序中显然没有足够的数据提供给沃森技术，即使它已经成功地与安德森系统集成在一起。由于医学文献中还没有探索过很多治疗方案，并且高质量的临床试验记录相对较少，因此沃森没有足够的研究文献可供借鉴。起初的项目动机是沃森可以处理所写的每篇文章以产生治疗的最佳建议，但实际情况是肿瘤专家经常需要在那些从未直接与随机试验进行比较的药物之间做出选择。

在2016年报告沃森-安德森项目失败的记者玛丽·克里斯·

杰克利维克（Mary Chris Jaklevic），强调了媒体对项目潜力的炒作与项目最终的完全失败之间的极端不匹配。她指出，在这个快速发展的大数据和人工智能的世界里，我们应该牢记在心："……要习惯于指出所宣称的和所展示的工作之间的差距。"

我们的项目为何失败了

尽管大多数组织不会因如此昂贵的失败而成为头条新闻，但相对而言，在分析计划中取得突破性成功的企业相对较少。在最近的一项关于领导者在大数据分析中创新的调查中，3/4 的人报告收入或成本的改善不足 1%。在另一项研究中，只有 27%的人报告他们的大数据计划取得了成功。《哈佛商业评论》描述了一位麻省理工学院的研究人员最近对 150 名机器学习爱好者的演讲。他从一个问题开始，"你们当中有多少人已经建立了机器学习模型?"大约有 1/3 的人举起了手。然后他问有多少人已经部署或使用该模型来产生价值并评估结果，没有一个人举手。

根据我的经验以及和同事们的经验，许多组织采取了一些措施，有时是重要的措施，来从数据和分析中寻找新的价值，但收获甚微。有时这是因为问题非常困难，但它更多地反映了人员配置、项目管理或组织动态的问题。不过，我们还看到有些组织推出了分析项目，并获得了丰厚的回报。

那么，怎样才能最大限度地提高你的大数据和数据科学计划成功的可能性呢?

下面是一些需要遵循的原则。

成为数据驱动型

不断地询问有关你的业务的问题　问一些基本的问题，比如“占我们收入前 20%的客户/产品是什么?”问一些更加细微的问题，比如“什么促使了我们客户的购买行为?”以及“什么样的跨渠道行为强烈地预示着我可能很快就会失去一个有价值的客户?”你可以提出数百个这样的问题，专注于回答对你的业务最关键的问题。

挑战你的基本假设　特别是如果你对业务非常熟悉，就这样做。当同事给出你的问题的答案（有时是显而易见的）时，要求其提供数据来支持这些答案。凯利·伦纳德和汤姆·约顿在其书《Yes, And》中描述了数据是如何推翻他们对有 50 年历史的芝加哥剧院的一些基本假设。当一个局外人问他们:“你认为人们为什么会来你的剧院?”他们立即回复了一个显而易见的答案:“去看当晚的演出。”然后，这位提问者调查了剧院的客人，他们给出了其他理由，例如，“今天是我的生日。”“我们公司因为谈成了一大笔生意所以给我们买了票。”“我从外地带来了朋友。”或者“我们在慈善活动中购买了门票。”没有一个人给出了预期的答案！当晚没有一个人仅仅为了观看演出而来到剧院。“经验丰富的管理人员对他们的假设是如此的确定而又如此的错误。”

创建和监控关键绩效指标 如果你不记分，那么你只是在练习。不要只监控明显的关键绩效指标，如收入。跟踪你的微观和宏观转换率以及流失率。跟踪你的主要指标，包括来自客户活动的信息。跟踪黏性，包括频率指标。显示你的团队能够影响的关键绩效指标，将这些指标放在他们能够看到的地方。设定目标，确定目标。这不是什么高难度的事情。

获得新的想法 随着员工换工作或参加行业活动，技术应用在行业内迅速蔓延，为了保持领先地位，你得先看看各行业的情况。如果你在银行业，看看电子商务公司在做什么。如果你从事电子商务行业，看看物流公司在做什么。参加行业会议，与供应商和分析人员讨论他们所见过的用例。

组织你的数据 如果你遵循上面的建议，你应该很快就会对数据系统的当前状态感到沮丧。雇用和接触那些能够引导你并从你的数据中获取见解的人。培训整个组织的员工使用 BI 工具，特别是自助服务工具。这些工具允许他们自己研究数据。有选择地将数据转移到中央数据仓库。

让合适的人加入

雇用懂得如何将数据科学应用于商业的人。在整个组织中雇用数据科学家和数据驱动型人才，最好是从上到下。组织内部的参与程度越高，分析计划得到资助和支持的机会就越大，整个组织就越有可能实现这个愿景。最近的一项行业调查显示，高层的参与度仍相对较低。当首席执行官被问及他们是否在领导公司的分析议程时，38%的人回答是。然而，当问及其他高管时，只有 9%的人说首席执行官确实在领导这个议程。

要知道，分析的努力往往会暴露出内部的缺陷，其中一些缺陷直接牵涉到有权势的同事。预期内部阻力，有时是模棱两可的批评或停滞不前的合作。

数据驱动的方法会影响整个组织的招聘和培训而不仅仅是数据和分析团队。以通用电气（GE）为例，通用电气在 2010 年初开始了一项重大的数字化计划，收购了多家公司，并雇用了数千名与数据科学相关的人员。在最近的一次采访中，通用电气前任首席执行官伊梅尔特讲述了从这个过程中学到的一些关键经验。他描述了通用电气除了配备数据科学角色外，还需要雇用数千名新产品经理和不同类型的商业人士。转型的影响延伸到现场支持，甚至是销售人员。

请牢记

转换为数据驱动的组织需要对整个组织进行改变。仅仅创建一个数据和分析团队是不够的。

我曾见过一些公司启动数据科学计划，引入一些新涌现的“数据科学家”，让他们在组织内部自由地寻找自己的方式，希望以某种方式获得切实的好处。我们不会用 IT 计划来做这件事，我们也不应该用分析计划来做。

项目应该由项目团队完成。这些项目团队由经过良好评审并具有互补技能的员工组成，他们最终以有意义的方式与用例和利益相关者相连。利益相关者应该不断地将商业直觉反馈回开发流程。在一个成熟的组织中，这一切都是不言而喻的，然而我们常常看不到它的发生。

我建议停止使用相同的供应商来满足你的人员配置和项目需求。和你还没有合作过的新公司谈谈。你的新计划应该从小规模做起，让一家小公司和一些有能力、有创造力的专业人士帮助你开始。不要指望大型服务提供商能够为每一次参与提供一流的员工，也不要指望更新后的职位名称能反映更新后的能力。沃森-安德森事件审计期间突出的一个问题就是供应商的选择不够稳健。

随着一个分析项目的成熟，它很可能会发展成一个集中的团队和分散在业务部门的分析师。集中的团队将包括一个商业智能团队和一个或多个分析专家团队。一些位于业务单元内的非集中化的分析人员将会在一段时间内以非分析师的角色直接加入这些单元。当你转换组织对数据的使用时，如果这些人能够有效地检索数据、提出相关的业务问题、执行基本分析并清晰地交流结果，那么请他们保持分析师角色。如果没有，请减少你的损失，用更善于分析的员工代替他们。

找到可以形成愿景、路线图和组建团队的高级分析领导者。组织可能通过雇用或重新使用非集中化的分析师来有效增强其数据驱动能力，但是在承诺招募高级分析领导者并建立一个强大的分析团队之前，它通常只会局限于数据表级的分析。这个团队不仅具备收集数据和构建模型所需的资源和灵活性，而且能够接触到利益相关者和关键决策者。

如果没有这样一个较为集中的团队，你招募顶尖的分析人才的能力就会受到限制，你所拥有的人才会被不断地卷入“紧急”的业务问题中，没有时间进行长期的战略计划。此外，有效地部署分析项目，如推荐引擎、自然语言处理、高级客户细分和深度学习模型，通常需要一个集中的专家团队协同工作。

打破孤岛

数据壁垒严重限制了你从数据中获取最大价值的能力，但是你需要广泛的股东管理和重要的技术资源来整合跨职能单元和法律实体的孤岛数据（特别是在收购之后）。业务单元往往是受保护的，如果不是它们的数据，那么至少是它们的 IT 资源受保护。如何最好地应对这一挑战，取决于你的组织如何运作，但想得到高层的支持还有很长的路要走。

专注于商业价值

让你的数据科学家专注于提供商业价值是非常重要的。在你的公司中，有一些非技术人员已经对客户、产品和市场有了深入的了解，你的数据科学家应该在分析项目的一开始就与他们进行交流。他们应该定期查看数据和中间结果。业务部门的同事将很快发现错误的假设或不恰当的数据解释，在某些情况下，他们甚至可以为构建分析模型提供有价值的帮助。

衡量结果

我们前面讨论了在组织内推广使用 KPI 的情况，这适用于数据科学工作。不要启动一个数据科学项目，除非你知道为什么要这样做，以及它成功时的样子。比如你是想提高转化率、营销投资回报率、市场份额还是客户生命周期价值？衡量你的起点，设定目标，并估计由此带来的收益。年底，你可能会对分析项目本身设定一个投资回报率。

保持敏捷

记住要保持敏捷，从最低可行产品（MVP）和最短的交付周期开始。这虽然违背了我们的学术训练，但是我们需要逐步地完善解决方案而不是直接向 100%的解决方案努力。从数据样本开始分析。如果你从收集和清理所有可能的数据开始，那么你就不再以最低可行产品着手工作，你会浪费几周甚至几个月的时间去发现你的方法中可能存在的陷阱。从简单的模型开始，如决策树、统计回归和朴素贝叶斯。一旦找到能够显示商业价值的应用程序，你就可以对模型进行优化。

尽可能让专家来解决专门的问题。找到精通该领域的人来提取和清理数据，而不是让你的统计学家和人工智能专家去做。

不要让你的数据科学家做无用功，尽可能地利用现有的工具和软件。不要花几个月的时间去重新构建一个已经在亚马逊、谷歌或 Salesforce 付费使用的人工智能工具，除非你需要一个定制的功能，或者该工具已经达到使内部开发更具有成本效益的使用阈值。你应该努力将现有的工具配置到你的业务中。

总结

如今海量的数据和多样化的数据类型提供给你一个巨大的机会。理解如何使用这些资源可以更好地改进你的战略、策略和操作，提供有价值的见解，提高 KPI，降低成本，并最终实现更好的客户体验。如今关键技术已经就位，许多公司已经为你开辟了前进的道路，跨越了传统行业保护的界限。祝你旅途顺利。

小贴士

- 许多分析项目由于管理不善或项目范围不足而失败或产生很少的价值。
- 保持与业务利益相关者的短反馈循环并致力于清晰的关键绩效指标是至关重要的。
- 孤立的数据和内部阻力可能会阻碍分析项目。
- 没有资深的分析领导者，分析计划往往会失败。

• 利用现有技术，但不要指望现成的技术能够提供完整的解决方案。

问题

• 在你的公司里，谁被允许只凭直觉来做决定？有人质疑这个人的决定吗？

• 你的哪些计划有明确的关键绩效指标和可衡量的目标？记住：如果你不记分，你就是在练习。

• 如果你的组织在不同的数据系统中保留重复的信息副本，你如何保证数据是一致的？从源系统复制的数据可能很快变得过时或损坏，并对报告造成严重破坏。

• 在你的组织中，谁决定在孤立的数据中心保留哪些数据，以及在中央数据存储库中保存哪些数据？你是否有一个首席数据官或者一个精通数据管理的专家？

• 你如何监控数据和分析领域的发展，包括你可以利用的新技术或可能已经为其他公司提供竞争性的新方法？也许你会想参加一个领先的分析会议，比如 Strata Data 或 Gartner Data & Analytics 会议。

术　语

A/B 测试（分组测试）：测试哪一种产品版本在实践中最有效的一种方法。顾客被随机分组，展示不同版本的产品（例如网站上的一个元素）。测试周期结束后，对结果进行分析，查看相对于一个或多个指标，哪个版本执行得最好。

算法：为得到结果而采取的一系列行动。

分析模型：一个或多个数学公式，共同近似估算一个有趣的现象。

Apache 软件基金会：一个由分散的开源开发者社区组成的非营利组织。它维护在大数据生态系统中使用的许多软件。

人工智能（AI）：能对环境做出智能反应的机器的总称。

人工神经网络（ANN）：通过训练基本节点网络来学习任务的分

析模型，这些基本节点有时在复杂的体系结构中是联系在一起的。

批量作业：一种定期间隔（如每天）而非连续执行的计算机任务，例如数据传输或计算。

批处理：按照定期调度间隔运行的计算机作业。

Beam（Apache）：一种开源编程模型，设计用于处理批处理和流模式下的数据移动。

大数据生态系统：用于存储、传输和处理大数据的技术。

黑箱模型：一种分析模型，其内部工作不能被轻易地解释和理解。

商业智能（BI）：专门用于报告和分析的数据传输、存储和交付的技术领域。

资本支出：一种很长一段时间才能获得收益的投资，比如耐用品或者将被长期使用的软件的开发。参见运营成本。

云计算：一种硬件或软件的使用。硬件或软件并非由最终用户拥有，而是根据某种订阅模式按需提供。

聚类：一种分析技术。在这种技术中数据被分成组（簇），在某种程度上试图将相似的元素分在一组。

并发性：在评估软件的适用性时，并发性是指能够同时使用软件的用户数量

交叉验证：一种通过反复分割测试数据，对部分数据进行训练，然后对剩余数据进行有效性测试来验证分析模型的方法。

暗数据：由正常计算机网络产生但通常不做分析的数据术语。

数据湖：设计用于存储原始数据的任何大数据存储系统，其最终用途在收集时可能不为人知。

数据科学：将任意数量的分析技术应用于任意数量的数据源的实践。这个术语指的是带来商业价值的非标准方法的创造性使用。

数据仓库：构造便于分析和报告而不是运行操作的数据库。

深度学习：利用具有许多隐含层的人工神经网络（通常有几十或几百层）。

ElasticSearch：一个广泛使用的企业搜索平台，在功能上类似于 Apache Solr。

集成：用来描述一组分析模型的集合术语。这些模型产生单独的输出，然后以一种平等的方式进行合并以产生单个输出。

ETL：抽取、转换、加载。将数据从源系统移动到数据仓库的步骤。

艾字节：2^{60} 字节，或 1 024 拍字节。

专家系统：一种模仿人类专家决策能力的人工智能，通常通过学习与推断事实和规则来实现。

快数据：以高速出现，必须被实时接收、分析和响应的数据。

特征工程：不是在原始记录中创建数据字段，而是在分析模型中创建具有解释性价值的数据字段。举个例子，从一个仅包含购买事件的数据库中计算字段“自上次购买以来的时间”。

Flink：一个流数据的开源处理框架。

Forrester：一家美国市场研究和咨询公司。

Forrester Wave：Forrester 对特定技术领域的供应商进行的定期评估。

Gartner：一家专门从事信息技术研究和咨询的美国公司。

Gartner 技术成熟度曲线：由 Gartner 开发的一种品牌的、图形化的表示方法，用于表示各种技术的成熟和采用。

Gartner Magic Quadrants：由 Gartner 提供的分析，比较不同技术产品的供应商。通常每年更新一次。

《通用数据保护条例》（GDPR）：欧盟有关隐私、资料保护及公平使用资料的全面规定，于 2018 年 5 月生效。

千兆字节（GB）：2^{30} 字节，或 1 024 兆字节。

围棋：中国古代的一种双人棋盘游戏。目标是用你的棋子围出更多的区域。

拟合优度检验：一种统计检验，用以评估模型与测试数据的拟合程度。

图形处理单元（GPU）：专为计算机图形或图像处理而设计的电子电路。

Hadoop（Apache）：用于分布式存储和数据处理的基本开源软件框架。它使用 HDFS 进行存储，使用 MapReduce 进行处理。

Hadoop 分布式文件系统（HDFS）：Hadoop 使用的分布式、可扩展的文件系统。

Hive（Apache）：Hadoop 上用于数据仓库的一种开源软件。

基础设施即服务（IaaS）：基于订阅模式为消费者提供计算机基

础设施如存储空间和网络服务。

物联网（IoT）：一个指当今使用的数十亿设备的术语，这些设备具有嵌入式传感器和处理器以及网络连接。

JavaScript：一种经常在网页浏览器中使用的高级编程语言。

JSON：JavaScript 对象表示法。一种常见的、可读的数据存储格式。

Kafka（Apache）：一个高度可伸缩的开源消息排队平台，由 LinkedIn 开发，于 2011 年发布到开源平台。

关键绩效指标（KPI）：一种可量化的绩效衡量方法，通常在组织内部用于设定目标和衡量进展。

Lambda 体系架构：一种平衡快速和精确数据存储需求的数据处理体系结构。

延迟：数据在点与点之间传输所需的时间。

链接攻击：通过将私有数据链接到 PII 来消除其匿名性的非法行为。

机器学习（ML）：人工智能通过不间断地习得测试数据来实现自我功能提升的过程。

MapReduce：Hadoop 中用于在计算机集群中扩展数据处理的编程模型。

大规模并行处理（MPP）数据库：跨越多个服务器或节点传播数据的数据库。这些服务器或节点通过网络进行通信，但不共享内存或处理器。

微转换：事件有目标指向但是本身并没有显著的价值。

最低可行产品（MVP）：一种拥有最少功能、满足早期客户需求并为未来开发提供反馈的功能产品。

模型：参见分析模型。

模型训练：调整模型参数以改进模型与可用数据的拟合的迭代过程。

蒙特卡洛模拟：重复地将随机数输入到预先假定的分布中来模拟控制并研究结果的过程。

神经网络：参见人工神经网络。

noSQL 数据库：允许以非表格形式存储和处理数据的数据库。

运营成本：操作开销，一种持续的经营成本。可参见资本支出。

个人身份信息（PII）：个人的独一无二的信息，例如护照号码等。

人物角色：拥有特定的属性、目标、行为的用户群体。

拍字节（PB）：2^{50} 字节或 1 024 太字节。

平台即服务（PaaS）：构建和维护运行在计算机硬件上、支持软件应用程序的中间件。

主成分分析：一种减少模型中变量数量的数学方法。

私有云：由单个组织维护和使用的技术云。

公共云：由第三方维护并根据某种订购模型提供的技术云。

随机存取存储器：可以在不访问之前字节的情况下访问的计算机内存。

RASCI 模型：一个定义项目职责的模型框架，分为责任、授权、支持、咨询和通知人。

投资回报率（ROI）：衡量投资收益的一种方法，通常有多种计算方式。

《安全港协议》：欧盟委员会（European Commission）在 2000 年批准的协议，允许符合数据治理标准的美国公司将数据从欧盟传输到美国。2015 年 10 月 6 日，欧洲法院宣布欧盟《安全港协议》无效。2016 年 7 月，欧盟委员会批准了欧盟-美国隐私保护（EU-US Privacy Shield）。

Salesforce（salesforce. com）：一款受欢迎的、基于云端计算的软件，主要用于管理客户数据并协助销售工作。

自助服务分析：最终用户利用数据与工具生成自己的基本分析、数据透视表和图表。

半结构化数据：添加了一些结构化字段的非结构化数据，例如向自由文本数据添加时间和位置字段。

软件即服务（SaaS）：集中托管的软件，它是在一个订阅的基础上使用的。

软件框架：软件提供通用的、可扩展的、基础的功能，且这些功能被更专业的软件利用。

Solr（Apache）：一个开源的、独立的全文搜索平台，企业常用来管理文本搜索。

Spark（Apache）：伯克利实验室（Berkeley Labs）开发的一个

在RAM内存上运行分布式计算的计算框架，已经在许多应用程序中取代了Hadoop的MapReduce。

分组测试：参见A/B测试。

标准查询语言（SQL）：关系型数据库的用于插入和恢复的标准语句。

技术堆栈：一组相互作用形成完整技术解决方案的软件组件。

太字节（TB）：2^{40} 字节或者1 024千兆字节。

张量处理单元（TPU）：谷歌开发的机器学习专用处理器。

训练：参见模型训练。

训练数据：用于拟合分析模型参数的数据。

非结构化数据：不被划分为预定义数据字段的数据，例如自由文本或视频等。

版本控制系统：一种软件工具，用于控制和接受对代码和其他文件的更改信息。

可扩展标记语言（eXtensible Markup Language，XML）：一种对文档中的数据进行编码的格式。这种格式由某些标准规范定义，具有机器可读性和人类可读性。

尧字节：2^{40} 字节或者1 024泽字节。

泽字节：2^{70} 字节或者1 024艾字节。

Authorized translation from the English language edition, entitled Big Data Demystified: How to use big data, data science and AI to make better business decisions and gain competitive advantage, 9781292218106 by David Stephenson, PhD. Copyright © Pearson Education Ltd 2018 (print and electronic).

This Translation of Big Data Demystified is published by arrangement with Pearson Education Limited.

图书在版编目(CIP)数据

大数据实战/（美）大卫·斯蒂芬森（David Stephenson）著；邵真译. —北京：中国人民大学出版社，2019.9

书名原文：Big Data Demystified

ISBN 978-7-300-27192-7

Ⅰ.①大… Ⅱ.①大… ②邵… Ⅲ.①数据处理-研究 Ⅳ.①TP274

中国版本图书馆CIP数据核字（2019）第158121号

大数据实战

——大数据、数据科学和人工智能在商务决策中的应用

大卫·斯蒂芬森 著

邵 真 译

Dashuju Shizhan

出版发行	中国人民大学出版社		
社　　址	北京中关村大街31号	**邮政编码**	100080
电　　话	010－62511242（总编室）		010－62511770（质管部）
	010－82501766（邮购部）		010－62514148（门市部）
	010－62515195（发行公司）		010－62515275（盗版举报）
网　　址	http：//www. crup. com. cn		
经　　销	新华书店		
印　　刷	天津中印联印务有限公司		
规　　格	170 mm×230 mm　16开本	**版　　次**	2019年9月第1版
印　　张	15 插页1	**印　　次**	2019年9月第1次印刷
字　　数	150 000	**定　　价**	49.00元